中国石化
SINOPEC

2024 年
中国天然气行业
发展报告

中国石化石油勘探开发研究院 ◎ 编

中国石化出版社
· 北 京 ·

图书在版编目（CIP）数据

2024 年中国天然气行业发展报告 / 中国石化石油勘探开发研究院编 . -- 北京 : 中国石化出版社 , 2024. 11. -- ISBN 978-7-5114-7761-3

Ⅰ . F426.22

中国国家版本馆 CIP 数据核字第 2024WU7556 号

中国石化出版社出版发行

地址：北京市东城区安定门外大街58号
邮编：100011　电话：（010）57512446
发行部电话：（010）57512575
http://www.sinopec-press.com
E-mail：press@ sinopec.com
北京富泰印刷有限责任公司印刷
全国各地新华书店经销

*

889 毫米 ×1194 毫米　16 开本　8 印张　124 千字
2024 年 11 月第 1 版　2024 年 11 月第 1 次印刷
定价：98.00 元

《2024 年中国天然气行业发展报告》

编委会

主　　任：郭旭升

委　　员：郭齐军　胡宗全　孙建芳　赵培荣　王　蔚

指导专家：李　阳　孙焕泉　孙冬胜　王光付　刘应红　关晓东　张　宇

　　　　　唐　磊　宋　刚　计秉玉　曾大乾　黄仁春　闫相宾　刘宗铭

　　　　　孙　伟　张　华　陈　宇　王步娥　赵　冀

编写组

主　　编：朱学谦　姜向强　刘超英　侯明扬　张忠民　李　伟

编写人员：姜向强　高安荣　赵　旭　粟科华　王惠勇　郭宝申　褚王涛

　　　　　邱伟伟　王纪伟　姚　尧　周慧羚　张　晓　徐玮琪　邹　伟

　　　　　许华明　孔祥宇　张爱国　李长征　雷　闪　李东晖　王大鹏

　　　　　董晓芹　张宇君　王秀芝　田纳新　丁建可　刘常红

2023年受全球经济复苏乏力影响，能源需求呈低速增长态势。其中，一次能源需求年增长2.0%。石油和天然气分别占一次能源消费的31.7%和23.3%，依旧保持主力能源地位。能源转型背景下全球油气勘探投资持续低迷，2023年全球勘探新增油气可采储量同比下降38.6%。全球天然气消费增速趋缓，市场呈现供需宽松态势，国际气价自高位回落。美国和中国天然气产量创历史新高，俄罗斯天然气产量持续下降。预计未来几年油气上游投资将逐步提高，海域和非常规是主要投资方向，全球天然气市场将在复杂多变的环境中寻求平衡与发展。

2023年，我国持续加大油气开发勘探力度，勘探投资再创历史新高，天然气新增探明地质储量超1.3万亿立方米，常规气、致密气、页岩气和煤层气多领域获得重大突破，形成"常非并进"格局。2023年国内油气勘探开发投资达到3900亿元，天然气产量2353亿立方米，同比增长6.9%，增量123亿立方米，连续7年增产超过100亿立方米。

2023年，我国天然气消费在多重因素支撑下重回增长轨道，四大用气结构全面增长，但结构间呈现较大差异；供应侧进口管道气延续增势，LNG规模同比由降转升，在国际气价大幅回落影响下，对外依存度出现回升；储气设施顶峰能力再上新台阶，经营品种明显增加。

本书共计两篇十章，国际部分四章，论述了全球油气与新能源发展形势、全球天然气勘探开发形势、全球天然气市场回顾和展望，并总结了认识与启示。国内部分六章，论述了中国天然气勘探形势、天然气开发形势、天然气市场与基础设施、市场主体经营动向、改革与政策动向，并针对中国天然气发展提出认识与建议。本书内容涉及国内外天然气全产业链的进展与趋势分析，为读者系统了解天然气行业全景提供了参考。

本书由中国石化石油勘探开发研究院编写。本书涉及范围广、内容多，加之编写人员水平有限，难免存在不妥和疏漏之处，真诚地希望各位领导、专家和同事提出宝贵意见和建议，以便今后不断改进、持续提高。

感谢中国石化发展计划部、国际合作部、生产经营管理部、科技部、油田事业部等对报告编制的大力支持！

中国石化石油勘探开发研究院

《中国天然气行业发展报告》研究组

2024 年 10 月

目录

第一篇

2023年全球
天然气发展形势

01

PART

第一章

全球油气与新能源发展形势

2023年以来，大国博弈白热化，全球经济呈低速增长态势，动力主要来自中美两国，新兴经济体延续了较快增长势头，在全球经济中的地位进一步提升。随着新冠肺炎疫情退去，国际油气市场逐渐消化了俄乌冲突爆发带来的影响，油价逐步趋于稳定，天然气供需错配得到修复，气价大幅回落。全球能源消费总量继续增长，一次能源消费需求同比增长2.0%，其中清洁能源消费同比增加12.0%，石油和天然气仍旧是主要能源，在一次能源中占比分别为31.7%和23.3%。新能源发展所形成的"东道主国可再生能源＋欧亚市场＋中国制造"价值链成为绿色能源国际合作的重要商业模式之一。

第一节　全球政治经济形势

一、全球经济

1.大国博弈进入"白热化"，多数发展中国家倾向政治外交自主

世界各大区进入新的地缘政治博弈阶段，美国施压拉拢欧洲，成为其核心盟友，共同对抗俄罗斯、中国；中东重新成为美国的战略支点，以沙特为代表的中东国家希望建立新的权利平衡架构；中亚－俄罗斯地区，继续向东看，努力消除俄乌冲突

所带来的外溢影响，更加重视中国市场及对中关系的构建；拉美地区希望摆脱美国"后院"的束缚，积极吸引投资，推动经济复苏；亚太地区成为美国对华竞争的重点区域，但东盟各国总体延续对华友好政策；非洲各国政局稳定性对经济的影响最为明显，基于中非传统友谊，希望依托中国资金和技术实现本国工业化；多数发展中国家奉行外交自主，不选边站队，反对"零和博弈"。

2. 全球经济复苏乏力，呈低速增长态势，消费需求不高

2023年，全球经济增速为2.72%，低于2022年的3.48%，总体呈低速增长态势。经济逆全球化、俄乌冲突等地缘政治问题，主要经济体央行的紧缩货币政策，以及消费者信心不足等，是影响全球经济增长的主要原因。结构上，全球经济发展并不均衡，金砖国家经济增速多位居全球经济体前列，中国经济增速达到5.2%，仍然是全球经济增长的重要引擎（表1-1-1）。2024年，全球经济增长挑战不容忽视，大趋势预计仍为低速增长，需关注需求疲软风险，同时新兴经济体将表现出更强劲的经济活力，绿色经济、数字经济仍是全球经济增长点。

表1-1-1 全球及主要经济体经济增速 （单位：%）

经济体		国内生产总值（GDP）增速				
		2019年	2020年	2021年	2022年	2023年
印度	G20、金砖国家	3.87	-5.83	9.05	7.24	7.75
中国	G20、金砖国家	5.95	2.24	8.45	2.99	5.2
印度尼西亚	G20	5.02	-2.07	3.7	5.31	5.05
土耳其	G20	0.82	1.86	11.44	5.53	4.52
俄罗斯	G20、金砖国家	2.2	-2.65	5.61	-2.07	3.65
墨西哥	G20	-0.28	-8.65	5.84	3.9	3.2
巴西	G20、金砖国家	1.22	-3.28	4.99	2.9	2.91
美国	G7、G20	2.3	-2.77	5.95	2.06	2.54
澳大利亚	G20	1.95	-1.83	5.21	3.69	1.95
日本	G7、G20	-0.4	-4.24	2.23	1.05	1.85
韩国	G20	2.24	-0.71	4.31	2.61	1.4
加拿大	G7、G20	1.89	-5.07	5.01	3.44	1.25
意大利	G7、G20	0.48	-8.98	6.99	3.72	0.92

续表

经济体		国内生产总值（GDP）增速				
		2019 年	2020 年	2021 年	2022 年	2023 年
法国	G7、G20	1.89	-7.68	6.37	2.52	0.9
欧盟	G20	1.98	-5.56	5.91	3.61	0.47
英国	G7、G20	1.6	-11.03	7.6	4.1	0.1
德国	G7、G20	1.07	-3.83	3.17	1.8	-0.3
沙特	G20、金砖国家	0.83	-4.34	3.92	8.74	-0.75
全球		2.8	-2.8	6.34	3.48	2.72

数据来源：世界银行，2024年6月（经济体排序按照2023年GDP增速由高至低排列）

3. 世界经济增长的主要动力在中美，新兴国家经济延续快速增长势头

美国经济保持稳定增长，预计2025—2030年GDP年均增速2.0%。一方面，美国居民储蓄率较低，降低了消费增速潜力，使劳动力供应受限；另一方面，美国产业政策扶持下投资增加、新技术革命增加全要素生产率，拉动经济增长。中国经济走势放缓，预计2025—2030年GDP年均增速4.6%，为新旧动能转换的关键期。面对内需不足、外需不稳、房地产低迷等挑战，我国着力扩内需、提信心、防风险，加强逆周期调节和政策储备，推进经济持续健康发展。

新兴经济体发展之路虽曲折，但具有明显的增长确定性。如印度以服务业为主导，目标是打造全球制造业中心，集中在电子和汽车行业，预计未来GDP增速将保持世界第一水平，预计2025年名义GDP有望超过日本，成为全球第四大经济体。东盟五国的新加坡依赖外部市场，电子、石油化工、金融、航运和服务业是其支柱产业；马来西亚经济结构较均衡，电子、电气、半导体、化工等是其优势出口产业；印度尼西亚属于资源型国家，经济增长主要依赖矿产和油气出口；菲律宾经济以服务业为主，海外劳工汇款贡献高，工业结构逐步优化，汽车和半导体产业较强。未来东盟五国GDP增速预计可保持在4.5%左右，出口增速总体在4%以上。土耳其依赖制造业出口，未来5年预计保持3%以上的GDP增速，需大量进口能源和原材料，账户常年赤字，但2029年有望成为全球第九大经济体。沙特经济对石油依赖仍较为明显，经济增速波动大，在"2030愿景"下，聚焦制造业、数字经济及可再生能源等非油产业，积极吸引外资合作，随着战略标志性项目的持续推进，

结构优化有助于经济增速趋稳，预计未来GDP和出口均保持3%以上的增长。俄罗斯受制裁影响，加快实施国产替代化进程，叠加军工需求增长，制造业产值明显提升，能源和粮食出口收入保持相对稳定，但通胀压力增加，劳动力短缺问题难以缓解，预计未来五年内保持1%~2%的经济增速。巴西经济仍未摆脱对农牧产品和矿产资源等大宗商品出口贸易的依赖，国际市场波动和气候变化等将影响经济走势，产业结构调整受到投资和技术两大要素短缺的制约，在油气产业驱动下，未来五年GDP增速约为2%。

4.全球债务问题形势严峻，新兴经济体偿债压力较大；全球新一轮货币宽松周期或将开启，汇率波动风险增加

全球债务连续十年快速增长，新兴经济体财政赤字持续扩大，部分新兴经济体增长乏力、偿债付息压力加大，主权国家评级下调，加剧了融资紧张，导致财政赤字进一步扩大。二十国集团财长和央行行长会议指出，必须尽快推动多边债务重组进程，解决中低收入国家面临的债务问题，全球有52个国家因难以降低债务负担而面临债务违约。2024年2月，国际金融研究所的《全球债务监测》报告称，2023年全球债务激增超过15万亿美元，创下313万亿美元的历史新高，其中发达国家债务升至208万亿美元，发展中国家升至105万亿美元。

当前，加息周期基本结束，全球货币政策即将转向，欧央行已经于6月初下调基准利率25个基点，美联储9月已降息50个基点。从国家汇率风险预测看，俄罗斯卢布、伊朗土曼为较高风险货币，阿根廷比索、尼日利亚奈拉为高风险货币，加拿大元、马来西亚林吉特、哈萨克斯坦坚戈等6个币种为中风险货币。埃及等国际化经营重点目标国家已出现较为严重债务危机，需加强高债务国家的债务信用风险防范。

5.国际油价波动区间收窄，仍处于相对高位，天然气供需错配得到修复，气价大幅回落

2023年，随着新冠肺炎疫情逐渐淡出、国际原油市场一定程度消化掉俄乌冲突影响，国际油价再次趋于稳定。布伦特原油现货年均价格从2022年的约100.9美元/桶降至2023年的82.5美元/桶；WTI原油现货年均价格从94.9美元/桶降至

77.6美元/桶，巴以冲突影响外溢是新出现的国际油价波动的重要影响因素，一定程度上增加了地缘政治风险溢价，若发生如霍尔木兹海峡遭到封锁的极端情况，世界银行预测国际油价或涨至近160美元/桶（表1-1-2）。展望2024年，地缘政治风险仍将对国际油价造成较大影响，甚至不能排除大幅波动的可能，大多数评级机构维持了以60～80美元/桶波动区间、70美元/桶波动中枢作为基准情景的认识结论。

表1-1-2　国际原油价格

（单位：美元/桶）

年份	布伦特原油现货价格			WTI 原油现货价格		
	平均值	最高值	最低值	平均值	最高值	最低值
2018	71.3	86.1	50.6	65.2	77.4	44.5
2019	64.3	74.9	53.2	57.0	66.2	46.3
2020	42.0	70.3	9.1	39.2	63.3	-37.0
2021	70.9	85.8	50.4	68.1	85.6	47.5
2022	100.9	133.2	76.0	94.9	123.6	71.1
2023	82.5	97.1	71.0	77.6	93.7	66.6

数据来源：EIA

2023年，北美、欧洲以及亚太天然气价格均大幅回落，但幅度不同。受美国天然气产量再创纪录、高库存和冬季天气较暖等因素影响，美国Henry Hub天然气价格从2022年的6.38美元/百万英热单位降至2023年的2.53美元/百万英热单位，已处于历史低位水平，市场格局表现为供给过剩。俄乌冲突下，欧洲天然气市场已走出"脱俄"阵痛，英国NBP气价从2022年的24.51美元/百万英热单位大幅降至12.30美元/百万英热单位，市场格局表现为供需相对平衡。2023年全球液化天然气新增产能仅为780万吨/年，处于液化天然气产能低速增长区间。中国液化天然气进口强劲，亚洲液化天然气现货价格尽管从2022年的35.41美元/百万英热单位降至15.98美元/百万英热单位，但仍略高于2021年水平，下降幅度明显不及北美和欧洲气价降幅，市场格局仍有趋紧迹象（表1-1-3）。展望2024年，全球天然气价格宽幅波动仍需要给予重视。

表 1-1-3 国际天然气价格 （单位：美元/百万英热单位）

年份	中国进口现货LNG 到岸价格	英国 NBP 气价	荷兰 TTF 气价	美国 Henry Hub 气价
2018	9.76	7.97	7.87	3.12
2019	5.95	4.44	4.43	2.52
2020	3.88	3.19	3.15	1.99
2021	14.80	15.43	15.63	3.84
2022	35.41	24.51	36.88	6.38
2023	15.98	12.30	12.86	2.53

数据来源：S&PGlobal

二、地缘政治与油气市场

1. 地缘冲突促使各国重视能源安全，资源国强调油气主业地位，推动产能投资，国际公司油气资产并购升温

发展水平较高的传统资源国，以中东沙特、阿联酋、巴西等为代表，实施经济多元化战略，提出碳中和目标，通过保持石油生产水平、大力扩张天然气产能、吸引资金和大力发展化工产业，推动经济多元化和能源转型。

发展水平较低的资源国，以俄罗斯、利比亚、伊拉克、伊朗和圭亚那等动荡和新兴产油国家为代表，其短中期目标是引资推动油气产能建设、提高产量，加快资源变现，驱动经济增长。

2023 年，国际大型石油公司重新强化上游业务、夯实核心资产，油气资产并购升温。10 月 11 日，埃克森美孚宣布以 645 亿美元并购 Pioneer Natural Resources 公司，继续做强北美非常规资产；10 月 23 日，雪佛龙宣布以 600 亿美元并购 Hess 公司（后披露不能完成交易风险），布局圭亚那资产；12 月 11 日，西方石油公司宣布以近 120 亿美元并购 CrownRock LP，夯实美国二叠纪盆地页岩油资产基础。油气资源国的国家石油公司同样重视对优质资产的控制，如伊拉克国有巴士拉石油公司竞购西古尔纳 1 号油田 32.7% 的权益，印度尼西亚、巴西、马来西亚等国家石油公司均具有本国优质勘探开发区块的优先竞标权。

2.俄乌局势升级和长期化，贸易受阻，东西方两大能源圈逐渐形成

2023年，俄乌冲突已经演变为俄罗斯与北约国家的全面对抗。一是北约继续东扩。芬兰和瑞典放弃长期奉行的不结盟政策，同时申请加入北约，北约东扩无疑是对俄罗斯安全和利益的挑衅和破坏，迫使普京总统采取反制措施。二是军事援助升级。美国向乌克兰提供根据联合国公约已禁止使用的集束炸弹、F-16战斗机，美西方国家的递刀拱火充分表明，美西方国家不会轻易允许俄乌冲突走向缓和，不仅没有考虑通过外交途径解决俄乌冲突，而且通过对乌援助不断推动俄乌冲突升级。俄乌冲突何时结束、以何种方式结束仍难以预料，美西方国家对俄制裁或将持续升级。

全球能源格局按照地缘政治逻辑逐渐演化为东、西方两个能源圈。美国致力于不断提高对西方能源圈的影响力，形成欧美环大西洋能源权。美国成为石油净出口国，与欧洲石油贸易关系更加密切，并寻求扩大对印度、东盟等的出口；而俄罗斯的出口目标向东转，亚太油气需求与贸易增长，形成俄罗斯-亚太能源圈。受美国资源挤压，中东对欧洲出口增长受限，希望锁定亚太长期增量需求。

3.巴以冲突外溢，红海航运受阻，航运保险成本上升，带来地缘溢价

2023年，加沙地带巴勒斯坦伊斯兰抵抗运动（哈马斯）在10月7日对以色列发起名为"阿克萨洪水"的军事行动，遭到以色列方面"铁剑"军事行动回击，巴以冲突全面升级；11月1日，也门胡塞武装正式向以色列宣战，巴以冲突影响外溢，这主要表现为也门胡塞武装使用导弹、无人机跨境攻击以色列本土，袭击途经红海南部海域与以色列有关联的船只，后者导致红海局势紧张，并对红海航运造成严重冲击。一是红海-苏伊士运河航线受到严重冲击。全球主要集装箱船公司宣布暂停红海航线或暂停接受货物订舱，英国、德国、挪威、比利时等国的多家石油公司和船运公司暂停途经红海的运输、航行。二是绕行导致欧亚运输耗时和费用增加。随着航运巨头纷纷避走红海、绕道南非好望角，迫使航程大幅增加，从荷兰鹿特丹驶往新加坡的货轮航程增加40%（约3800海里）。航程增加意味着燃料成本上升，绕行好望角会增加数万美元的额外成本，运输时间也延长10~14天，相较于直接通过苏伊士运河绕道非洲的航程要多花25%的时间。三是红海危机使相关保险费用急

剧飙升。在美英联军空袭也门胡塞武装之后，战争险费率升至船舶价值的 1% 左右。哈马斯与以色列的矛盾并非一日之寒，巴以问题的解决也非一日之功，全球能源运输的格局将同时发生深刻变革，带来能源价格的地缘溢价。

4. "OPEC+" 限产保价常态化、中东地区主要经济体和解浪潮等均对全球油气市场造成重要影响

2023 年，为稳定市场、提振油价，"OPEC+" 限产保价措施不断延续，甚至额外加码，其成员国面临艰难选择。沙特凭借着雄厚经济实力，成为严格遵守限产配额和做出额外减产牺牲的代表，自愿额外减产 100 万桶/日，并将原油产量控制在 900 万桶/日以内。伊拉克是陷入两难抉择的代表：伊拉克一方面积极承诺限产至 400 万桶/日，但另一方面又经常超过限产配额，限产执行不到位，这反映出其在经济发展和财政收支上的巨大压力。安哥拉是无法继续坚持限产保价措施的代表：为了维持经济发展和政府财政，安哥拉无法承受 110 万桶/日的限产配额，于 2023 年 12 月 21 日宣布退出 OPEC。"OPEC+" 限产保价常态化的本质原因是能源加速转型下全球原油需求稳步达峰导致的原油过剩。2024 年，"OPEC+" 机制仍将延续并成为支撑国际油价的重要因素之一。

2023 年，中东地区和解浪潮不断加剧，为破解地区安全困境、聚焦经济发展与合作创造了有利条件。一是沙伊关系正常化。2023 年 3 月 10 日，中国、沙特、伊朗在北京发表三方联合声明，宣布沙特和伊朗达成协议，同意恢复双方外交关系并明确改善关系的路线图和时间表。沙特与伊朗达成和解协议，结束了长达七年的敌对状态和几十年的政治对立。二是叙利亚重返阿拉伯国家联盟（阿盟）。2023 年 5 月 7 日，阿盟同意恢复叙利亚自 2011 年叙利亚危机爆发后终止的阿盟成员国资格，叙利亚重返阿盟。三是土埃关系翻开新篇章。2023 年 4 月 13 日，土耳其和埃及同意将两国外交关系恢复至大使级。2024 年 2 月 14 日，土耳其总统埃尔多安出访埃及并会见埃及总统塞西。2024 年，中东地区主要经济体和解浪潮是中东发展的有利机遇，为国际化经营创造了更多安全条件。

三、中国经济

1.面对国内外复杂局面，中国经济总体向好，宏观政策持续发力

目前，中国经济发展面临着诸多挑战。其一，消费增长放缓，商品消费水平整体降低，内需不足是核心矛盾。2024年上半年，社会消费品零售总额同比增长3.7%，增速远低于2023年同期的7.2%，全国居民消费价格指数（CPI）同比仅上涨0.1%，全国工业生产者出厂价格指数（PPI）同比下降2.1%。其二，固定资产投资增速下滑，房地产是最大拖累。2024年上半年，我国固定资产投资同比增长3.9%，房地产投资同比增速为-10.1%。

同时，我国经济增长动能增强，表现为工业生产保持平稳，装备制造业和高科技制造业增长较快，出口外需回升，人民币汇率总体平稳。2024年上半年，我国GDP同比增长5.0%，预计2025—2030年GDP年均增长4.6%，为新旧动能转换的关键期。

党的二十届三中全会确定了全面深化改革以经济体制改革为牵引，以促进社会公平正义、增进人民福祉为出发点和落脚点，聚焦构建高水平社会主义市场经济体制等"七大领域"，对全面深化改革作出了14项系统部署。中央着力扩内需、提信心、防风险，加强逆周期调节和政策储备，将推进经济持续健康发展。

2.能源消费总量继续增长，能源供应保持稳定，清洁能源消费占比显著提升

2024年上半年，中国能源消费总量同比增长4.7%，增速略有下降，较去年同期下降0.4%。能源产业落实高质量发展、高水平安全供应同步推进，能源供应保障能力进一步提升，可再生能源规模持续扩大，绿色能源成为经济新动能。2024年上半年，可再生能源发电新增装机13331万千瓦，占全国新增装机的87.3%。2023年，中国贡献全球可再生能源新增装机容量（5.1亿千瓦）的一半以上；光伏主材（硅片、电池、组建）出口实现490.66亿美元，成为拉动出口的"新三样"之一；"东道国可再生能源＋欧亚市场＋中国制造"成为国际绿色能源合作重要的商业模式之一。

3.成品油消费供大于求，天然气需求快速增长，供需总体平衡

中国成品油消费市场发展不及预期。2024年上半年，石油消费量为3.75亿吨，同比增长0.3%，成品油消费量为1.93亿吨，同比增长1.7%，但4～6月份，成品

油消费同比下降，出现拐点，成品油库存处于历史同期较高区间。受新能源汽车保有量增加对汽油替代率提升、LNG重卡对柴油替代持续增长等影响，预计未来成品油供大于求的态势将持续。

中国天然气需求快速增长，2024年上半年的消费量为2104亿立方米，同比增长9.7%，比去年同期高4.9%。供应方面，国产气保持较快增长，1~6月份产量达到1251亿立方米，同比增长5.9%，进口气在气价下行背景下，增长率达到14.5%，进口量907亿立方米，其中管道气量为377亿立方米，进口LNG气量为530亿立方米。展望未来需求，在城市燃气、发电用气、工业用气和化肥化工用气等方面均呈增长态势，新增储气库投产，供需增量将总体平衡。

第二节　全球油气与新能源发展态势

一、全球碳中和进展与趋势

碳达峰、碳中和是全球一场广泛、系统的社会经济变革，它关乎人类的生存与可持续发展。据世界气象组织2023年11月发布的《温室气体公报》，2022年大气中二氧化碳浓度为417.9 ppm，约为工业化（1750年）前的1.5倍。近年来热浪和洪水等极端天气事件频发，给相关国家带来灾难和巨大经济损失。因此，有效控制和降低二氧化碳排放，直至实现碳中和是人类社会面临的重大挑战。

气候治理法律法规体系日趋完善，全球碳达峰和碳中和逐步纳入制度框架。 2015年的《巴黎协定》把21世纪全球平均气温较工业化前升高"控制在2℃以内"作为目标，奠定了全球气候治理的法律基础；2021年的《联合国气候变化框架公约》第26次缔约方大会（COP26），重申了《巴黎协定》的温控目标，并认识到与2℃相比，温度上升1.5℃的气候变化影响将大大降低。COP26的最大成果是各国形成了对1.5℃温控目标必要性的共识，全球气候合作在艰难中取得重要进展。2023年的COP28第一次对"全球气候行动与目标"进行了盘点，认为在减缓气候变化方面仍然存在较大排放缺口，形成了如下重要成果。**一是就"转型脱离化石燃料"达成**

共识。即在2050年实现净零排放。发布《全球脱碳加速计划》(GDA),提出能源转型脱碳行动路线,全球50家石油公司签署《石油和天然气脱碳宪章》,国家石油公司占60%,签署公司占全球石油产量的40%以上。**二是明确损失与损害基金运行机制。**该基金将帮助受气候变化影响的脆弱国家应对由此产生的各种挑战,基金的使命是协助发展中国家应对和处理因气候变化造成的损失与损害问题,如海平面上升和气候移民等。**三是就全球适应目标及其框架具体目标达成一致。**提高全球适应气候变化的能力,明确了为增强面对气候变化冲击的韧性,各国所需要达到的标准。

为落实2015年《巴黎协定》以来全球气候治理目标,大多数国家都提出了2030年减排、2050年前后实现碳中和的远景目标。据Net Zero Tracker截至2024年7月的资料,全球已有150个国家和地区、272个城市、前2000家最大上市公司中的1179家公司提出了自己的净零目标。这些国家占全球人口的89%、GDP的92%、碳排放的88%。表1-1-4是全球主要经济体的碳达峰与碳中和目标及相关政策法律。这些政策及法律将大力推动全球碳中和进程。

表1-1-4 全球主要经济体的碳达峰与碳中和目标及相关政策法律

国家/地区	气候和能源转型具体目标	政府宣示/法律
中国	2030年前实现碳达峰,2060年前实现碳中和	2021年10月24日国务院发布《2030年前碳达峰行动方案》
美国	2030年前将温室气体排放量至少削减到2005年的50%,2035年实现无碳排放发电,到2050年实现碳中和	2022年通过《2022年通胀削减法案》,计划增加3690亿美元投资清洁能源和气候治理
欧盟	2030年温室气体减排目标较1990年减少50%~55%,2050年实现净零排放	2019年12月欧盟委员会发布《欧洲绿色协议》;2021年6月欧洲理事会通过《欧洲气候法案》。2023年欧盟委员会通过"碳边界调整机制",准备2023年10月1日开始试运行征收碳关税
法国	建立碳预算制度,至2030年温室气体排放量降低到1990年的40%,2050年实现碳中和	《国家低碳战略》(2015年)、《绿色增长能源转型法》(2015年8月)
德国	至2030年,实现温室气体排放总量较1990年水平减少65%。争取在2045年实现碳中和,比原计划提前5年	《气候保护计划2030》(2019年9月)、德国联邦《气候保护法》(2019年11月)、新《气候保护法》(2021年5月)
英国	2020年12月,最新减排目标是到2030年温室气体排放量与1990年相比至少降低68%,2050年实现碳中和	《气候变化法案》于2008年正式通过,英国成为世界上第一个以法律形式明确中长期减排目标的国家。2009年发布《低碳转型计划》2019年6月新修订的《气候变化法案》生效

国家 / 地区	气候和能源转型具体目标	政府宣示 / 法律
加拿大	力争在 2030 年实现温室气体排放量比 2005 年减少 40% ~ 45%。2050 年实现温室气体净零排放	2020 年 11 月，加拿大环境与气候变化部发布《加拿大净零排放责任法案》，之后定期发布进度报告
日本	力争将 2030 年温室气体排放量在 2013 年的水平上减少 46%，并向 50% 的目标努力。2050 年实现碳中和	《全球变暖对策推进法》（2021 年 5 月）、《绿色成长战略》（2020 年 12 月）、在 14 个重点领域推进温室气体减排

石油公司正以优化油气资产组合和负碳技术积极推动能源产品结构低碳化。传统上以化石能源生产为主的石油公司，在全球碳中和进程中肩负着特殊的重要职责，双碳目标也给石油公司带来了巨大压力，它们纷纷推出自己的碳达峰、碳中和时间表和路线图。但是受技术、成本和消费习惯的约束，这必将是一个渐进的过程，短期内石油、天然气作为传统主导能源的支柱地位仍无法动摇。但石油行业并没有因此无动于衷，而是通过资产组合、技术进步、综合管理、提质增效等降低碳排放，以积极的心态应对全球气候变化。**一是资产归核化。**摒弃传统大而全的思想，践行"归核化"发展理念，即聚焦优势低排放领域，强化竞争优势，实现协同效应最大化，为能源转型积聚力量。**二是构建低碳资产组合。**以双碳目标的视角重新审视公司的资产结构，最大限度增加低碳资产比例，即推动资产去碳化，有效管控碳风险。①增加天然气在资产结构中的比例。石油公司十分看重天然气在能源转型中的重要性，优先把发展天然气业务作为能源转型的方向之一。许多国际石油公司天然气产量超过40%，甚至更高。壳牌、埃尼、挪威国家石油公司等天然气产量所占比例已提高至约50%。道达尔能源 2020 年 5 月发布的绿色转型战略，强调通过拓展天然气业务、延长低碳电力产业链，以研发碳中和技术驱动其低碳战略。2021 年道达尔公司天然气产量占比为48%，计划在 2030 年将天然气的生产和销售提高到50%，到 2035 年提高到60%。壳牌也提出大力发展天然气业务战略，计划到 2030 年以后将天然气产量占比提高至75%，近期收购 Pavilion Energy 也是壳牌进一步强化全球天然气产业链、做大做强天然气业务战略的延续。②加快推动资产去碳化，剥离油砂等高碳资产，壳牌、BP、雪佛龙、道达尔、挪威国油等国际石油公司已完全退出或计划退出加拿大油砂项目。③加强碳资产管理，对冲碳风险，据 Wood Mackenize 估计，未来 10 年国际石油巨头将有近一半的产量受到碳价波及、通过

参与碳市场建设和运营，可逐步提升碳资产综合管理水平。BP早在1998年就建立了内部碳交易体系，壳牌于1998年开展气候变化对其全球业务潜在影响的研究，创建内部碳交易平台，成立专门的碳资产管理部门。**三是积极发展负碳技术。**发展碳捕获利用与封存（CCUS）等相关技术，直接减少油气勘探开发活动中的碳排放，降低其对环境的不利影响，增强公众对油气资源可持续利用的信心。如道达尔能源公司计划在2050年封存0.5亿～1亿吨二氧化碳。**四是积极探索现有业务发展的低碳路径。**将油气与新能源融合发展，构建低碳新能源业务组合，增加可再生能源（地热、风、光等）资产比例，并与油气业务协同发展。①努力降低油气勘探开发活动中的碳排放：包括尽量缩短勘探开发活动的周期、由原油勘探开发转向天然气勘探开发、将相对分散的勘探开发活动逐步集中于某一特定区域或领域等；②尝试可再生能源在传统能源生产中的利用，如开展油气勘探开发与光伏发电联产项目，为油田生产及周边居民供电等；③实现勘探开发活动与新能源业务协同发展，将光电、光热等新能源业务与二氧化碳驱油、蒸汽驱油等传统油气生产工艺相结合，在提高油气产量的同时降低二氧化碳排放强度。综上所述，**石油公司已逐步形成一套能源转型战略框架，即"响应全球气候治理大势，以技术创新为抓手，以优化油气与可再生能源资产组合为依托，在实现双碳目标的过程中保持公司可持续发展和价值创造能力"。**

中国、美国和欧洲积极落实碳中和目标。全球各大经济体在提出双碳目标后，均采取了实际行动，或通过政策立法应对气候变化、减缓全球变暖带来的影响，或加大相关技术研发投入力度推动能源领域绿色转型。作为全球二氧化碳排放前三的经济体，中、美、欧的碳中和目标和路线图备受瞩目。

中国2020年提出双碳目标后，构建了"1+N"政策体系，即以一个双碳顶层设计纲要，引领多项实现双碳目标的解决方案和举措，如国务院2021年10月颁布的《2030年前碳达峰行动方案》提出了碳达峰十大行动，大力发展循环经济、推进能源绿色转型。

拜登政府上台后，美国于2021年重返《巴黎协定》，试图重新主导全球气候治理进程，这增强了全球推动碳中和的信心。美国提出"清洁能源革命"，计划2030年前将温室气体排放量在2005年的基础上至少削减50%，2035年通过可再生能源过渡实现无碳排放发电，并于2050年实现碳中和。2022年的《重建美好未来法案》提出将拨款5550亿美元专项资金支持从化石能源向清洁能源转型，2022年8月发布的《2022年通胀削减法案》，计划增加3690亿美元投资清洁能源和气候治理。

欧盟于2019年12月发布《欧洲绿色协议》，提出2050年实现碳中和目标，并以2021年6月欧洲理事会通过的《欧洲气候法案》法律化，使2050年碳中和目标有了强力的法律约束。欧洲争取2030年温室气体减排目标较1990年减少50%～55%，2050年实现净零排放。2022年5月发布的REPowerEU提出了一系列能源转型措施，鼓励开发太阳能、风能、水电等可再生能源，希望在2030年之前摆脱对俄罗斯化石能源依赖的同时，把可再生能源比例从40%提升至45%，进一步加速能源清洁化转型。

碳市场和碳交易系统逐步完善，为实现碳中和提供了制度保障和市场环境。 碳交易基于市场化机制控制温室气体排放，是碳减排的核心政策工具之一。2022年12月，欧盟已正式批准全球首个碳边境税机制（CBAM），是欧盟针对部分进口商品的碳排放量所征收的税费，即通过该机制对同量的碳排放在欧盟内外的价格差异进行调整，使欧盟内外的同量碳排放需支付的碳税基本持平。近期又公布了碳边境调节机制过渡期实施细则，于2023年10月1日进入过渡阶段，2026年正式征收。碳关税的全面实施，将鼓励进入欧盟的商品降低碳排放，促进全球范围内的碳中和。**中国也有类似的政策工具，绿证制度及政策体系逐渐完善。** 2023年8月3日，国家发展改革委、财政部、国家能源局联合发布《关于做好可再生能源绿色电力证书全覆盖工作，促进可再生能源电力消费的通知》，进一步完善了可再生能源绿电证书制度，明确绿证适用范围，规范绿证核发，健全绿证交易，扩大绿电消费，实现绿证对可再生电力的全覆盖，进一步发挥绿证在构建绿色低碳环境价值体系、促进可再生能源开发利用中的推动作用。

二、全球石油与天然气消费趋势

能源转型并没有动摇油气的基础能源地位，其依然是未来全球的支柱能源。 2023年全球一次能源消费619.93艾焦，同比增长2.0%，石油和天然气分别消费45.3亿吨和4.01万亿立方米，分别占一次能源消费的31.7%和23.3%。可再生能源占比提高到8.2%，消费量同比增加12.0%。

据国际能源署最新发布的 *World Energy Outlook 2023* 预测，在既定政策情景（STEPS）下，全球原油需求将于2030年达峰，峰值为101.5百万桶/日，2050年降为97.4百万桶/日，约为峰值的96%；在已宣布承诺目标情景（APS）下，全球原油需求2030年预计达到92.5百万桶/日，至2050年下降到54.8百万桶/日，即使是在APS下，2050年原油需求仍约为2030年的60%。*BP Energy Outlook 2024* 的预测结果表明，在不同的情景下，2025年全球原油需求将达102百万桶/日的峰值，按照目前发展态势（Current Trajectory），2040年、2050年下降到91百万桶/日和77百万桶/日，分别为峰值的89.22%和75.49%。在净零（Net Zero）情景下，2040年、2050年全球石油消费分别为2025年的59%和28%。

同时，天然气作为相对清洁的化石能源，在供应稳定性和成本方面具有较大优势，在能源转型过程中的地位凸显，前景广阔。多家国际组织和咨询机构对天然气在未来能源供应中的地位持乐观态度，认为天然气将在减缓碳排放、实现碳达峰过程中发挥重要作用。根据 *World Energy Outlook 2023* 预测，在STEPS下，全球天然气需求将于2030年达到42990亿立方米/年的峰值，2050年降到41730亿立方米/年，约为峰值的97%。在APS和Net Zero情景下，2030年全球天然气需求分别为38610亿立方米/年和34030亿立方米/年。*BP Energy Outlook 2024* 数据表明，按照目前的市场态势，全球天然气消费2045年达到47350亿立方米/年的峰值，为2022年的119%，之后缓慢下降，2050年为47290亿立方米/年，为峰值的99.87%。在Net Zero情景下，全球天然气需求在2025年达峰，为40900亿立方米/年，2030年、2050年分别下降到40190亿立方米/年和17970亿立方米/年。天然气出口国论坛（GECF）2024年3月发布的《2050年全球天然气展望》预测，到2050年天然气在全球能源结构中的比例将从2022年的23%增加到26%。

地缘冲突强化了油气在能源结构中的基础地位。2022年以来，俄乌冲突和供应链瓶颈等加剧了人们对能源安全的焦虑情绪，对全球能源合作和能源转型产生了深远影响。一方面，欧洲国家在降低对俄罗斯能源依赖的同时，积极推动与俄罗斯能源脱钩；另一方面，许多石油公司重新审视油气特别是天然气在能源转型中的战略作用，把发展天然气作为能源转型的优先方向之一，保障低碳转型有序进行。

三、新能源发展与趋势

全球以化石能源为主的能源消费结构正逐步向以光伏、风能等新能源为主的能源消费结构转型，并最终以电力为主要能源推动人类社会运转。2023年的《联合国气候变化框架公约》第28次缔约方大会（COP28）在全球联合应对气候变化方面取得了里程碑式的成就。会议达成了"转型脱离化石燃料"共识，宣布了《全球脱碳加速计划》，专注于快速扩展未来的能源系统，促进现有能源系统脱碳、致力于解决甲烷和其他非二氧化碳温室气体排放问题。GDA承诺到2030年将全球可再生能源装机容量增至三倍、平均能源效率提高两倍。可以说COP28为新能源未来的发展开辟了广阔道路。

近年来，全球可再生能源发展迅猛，据国际可再生能源机构（IRENA）资料，2023年全球可再生能源新增发电量实现了前所未有的增长（图1-1-1），可再生能源在新增总装机容量中的份额自2003年以来屡创新高，2023年达到了创纪录的87%（图1-1-2）。

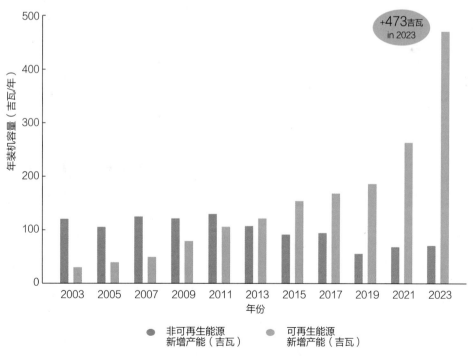

图1-1-1　全球发电年度新增装机容量

数据来源：IRENA 2024

在新能源投资方面，与清洁能源相关的投资快速增长。2020年以来，全球新能源投资开始大幅领先传统化石能源，目前几乎是化石能源的两倍（图1-1-3）。新能源投资居前三位的国家和地区分别是中国、美国和欧盟。

其中，太阳能、风能投资引领了近年来清洁能源的增长趋势（图1-1-4）。

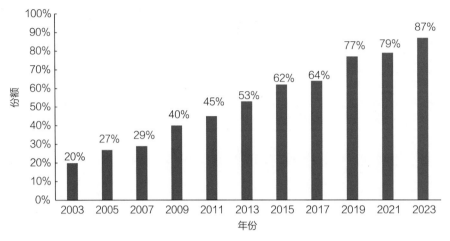

图1-1-2　全球可再生能源在新增总装机容量中的份额

数据来源：IRENA 2024

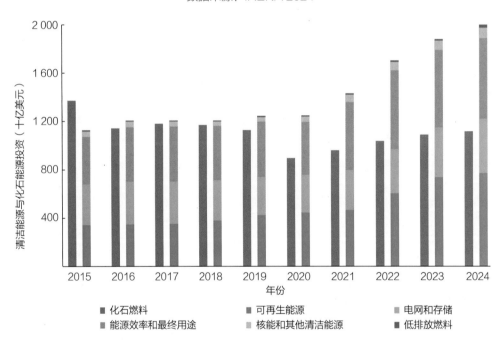

图1-1-3　全球2015—2024年清洁能源与化石能源投资

数据来源：IFA 2024

据彭博社资料，2023年全球可再生能源生产投资（不包括大型水电）为6230亿美元，同比增长8%。太阳能继续推动可再生能源投资的增长。对大型和小型太阳能项目的投资增至创纪录的3930亿美元，比2022年增长了12%。同时成本的降低使得产能增长更快，2023年太阳能装机容量约为414吉瓦，同比增长64%。

风电总投资达到2170亿美元的历史最高水平。尽管宏观经济环境充满挑战，但

2023年海上风电融资额达到了创纪录的770亿美元。与2022年相比，陆上风电投资下降了17%，约为1400亿美元。

地热投资是一个值得关注的领域，2023年投资达到了80亿美元。

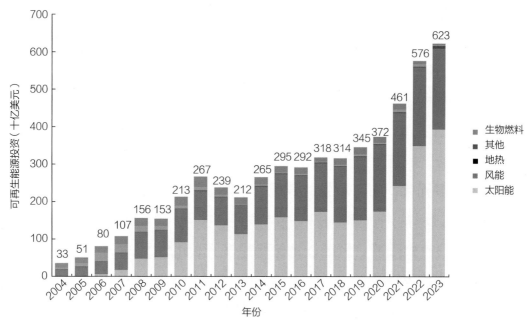

图1-1-4　全球2004—2023年可再生能源投资构成
数据来源：BloombergNEF 2024

第三节　石油公司能源转型战略动向

一、能源转型背景下的石油公司战略动向

《BP世界能源展望2024》把全球能源发展趋势概括为环境影响、能源安全、能源效率、能源投资。即在全球气候治理目标约束下，在关注能源安全和能源效率的同时，加大低碳领域的投资力度，且在俄乌冲突发生后，能源安全在能源转型过程中处于优先地位。

石油公司的生产过程及其产品消费是全球温室气体排放的主要来源之一，在全球气候治理呼声高涨背景下，石油公司面临来自社会公众的巨大压力，因此，低碳转型成为石油公司发展战略的必然选择。同时，石油公司也将能源转型看作增强自身可持续发展能力的手段，希望通过转型获得未来行业的优势地位。石油公司转型发展战略框架可概括为：以技术和管理创新为依托，以油气资源为基础，以构建低碳能源资产组合为抓手，重塑公司可持续发展和价值创造能力。

石油公司应对能源转型的战略动向如下。

①**提高效率，减少经营过程排放。**包括尽量缩短勘探开发活动周期、由石油向天然气勘探开发倾斜、将相对分散的勘探开发活动逐步集中于某一特定区域或领域等。进行内部运营变革，例如定期审计、升级设备、建立能源管理系统，同时设定排放目标，将高管薪酬与碳排放目标挂钩。

②**投资组合多元化。**将可再生能源视为公司具有吸引力的投资机会和未来新的经济增长点，通过包括油气资产在内的能源资产多元化实现公司资产优化和增值，其中天然气/LNG、太阳能、风能、地热等是多元化的主要方向，也包括零售、贸易、运输和能源储存等领域。

③**实现勘探开发活动与新能源业务融合发展。**将可再生能源业务及技术融入油气业务价值链，利用可再生能源为油气业务提供绿色能源，提高绿电比例，降低上游业务运营成本和碳排放。

④**从资源优先向技术优先转变。**技术的突破使得人们期待的"既要气候治理目标，又要能源供给安全"成为可能。石油公司通过技术创新重构未来的能源资产和产业链，确立在能源领域的优势地位，直接减少油气勘探开发碳排放，履行公司社会责任，增强公众对油气资源可持续利用的信心，提升公司价值创造能力。

⑤**国际石油公司回归现实，夯实能源转型的资源基础。**应该强调的是，油气资源是石油公司能源转型的基础，只有依靠传统油气产生的现金流，才有足够的资金满足包括CCS/CCUS在内的新能源领域可持续、长周期投资需求，没有对油气行业的持续投资，就没有石油公司自身的能源转型。在此背景下，近几年来全球油气资源并购重新活跃。表1-1-5列出了2020年以来全球主要油气公司并购交易情况。活跃的并购交易表明，在能源转型背景下，石油公司特别是北美石油公司十分看好未来油气市场，期待通过并购整合公司油气资源，形成规模效应，提高运营效率和公司竞争力。并购已成为石油公司新战略的驱动力量。

表1-1-5 2020年以来全球主要油气公司并购交易情况

年份	收购方	目标公司	交易金额（亿美元）
2020	康菲公司	Concho	133
2020	雪佛龙	Noble	127
2020	先锋自然资源	Parsley	74
2020	戴文能源	WPX	60
2023	埃克森美孚	Pioneer	645
2023	雪佛龙	Hess	600
2023	西方石油公司	CrownRock	120
2024	Diamondback	Endeavor	260

数据来源：GlobalData Oil & Gas Intelligence Center、彭博社

因此，石油公司因地制宜、因时调整，根据自身不同的油气资源条件，以及人文环境，包括政府政策、法律、社会公众环保意识，确立了公司的能源转型模式。①欧洲国家油气资源相对缺乏，公众环保意识强，低碳转型动力充足。欧洲石油公司将"轻碳油气资产＋新能源业务"作为能源转型的方向，多家欧洲公司重塑业务架构，将天然气与可再生能源设为独立业务单元，持续增加在新能源方面的支出，由传统石油公司向综合能源服务公司转型趋势明显。②北美地区资源丰富，在全球油气业务中占有较大的市场份额，多数北美石油公司认为化石能源具有长期重要性，低碳转型态度保守，采取了"传统油气业务＋剥离高碳资产＋负碳技术"的转型路径，加大碳捕获、利用和封存等负碳技术研发投资力度，加速剥离油砂等高碳资产，以满足政府、公众及投资机构对碳减排的要求。③国家石油公司油气资产庞大，肩负着国家能源安全的重要责任。优质的油气资产、较高的盈利能力，使得国家石油公司对能源转型的积极性不高，虽然遭遇"安全—经济—绿色"不平衡三角关系发展的困境，但在全球气候治理背景下，正面临着越来越大的转型压力。国家石油公司在投资理念、项目管理、运营模式、增长驱动、公司治理等方面积极探索能源转型之路，承担起气候变化的社会责任。长期来看，能源转型始终是国家石油公司必须面对和需要解决的问题。

能源转型是一场深刻的社会经济变革，石油公司只有主动跟上"零碳能源未来"的步伐，才能从中发现和重新定位自身的价值。

二、天然气在石油公司低碳转型中发挥的作用

据《BP世界能源展望2024》，全球天然气需求将长期受到能源转型速度的影响，即新兴经济体天然气需求的增长与全球脱碳化导致的需求相对下降将最终决定天然气的需求走势。按照当前发展趋势，2050年，天然气在一次能源结构中占比将达25%左右，高于2023年的23%（EI《世界能源统计年鉴2024》），在净零情景下，天然气2050年需求量将比2022年下降约55%。但是无论如何，天然气作为相对低碳清洁能源，将在能源转型过程中发挥桥梁作用。

天然气是能源转型过程中的重要低碳能源，发挥着关键作用。天然气与煤炭、石油等化石能源相比具有高热值、低排放的特点，其排放因子约为56.1g/MJ，仅为石油的77%、煤炭的59%。天然气是近中期能源转型过程中的理想能源，是以高碳化石能源为主体的能源结构向低碳/零碳能源为主体的新型能源结构转变的桥梁，可以为早期可再生能源的发展保驾护航，在能源转型过程发挥重要作用。

天然气可以促进不断增长的风能、太阳能的有效利用。间歇性是风能和太阳能发展的主要障碍，目前还没有大规模且具有经济性的方式来储存可再生电力。天然气资源丰富，相对于其他化石能源，具有清洁高效、运输方便、易于储存、供应灵活、价格可承受等特点。这些特点使天然气可以弥补可再生能源间歇性输出的不足，为可再生能源发展提供调整空间和有力支持。联合国欧洲经济委员会（UNECE）在2019年的一份报告中指出，天然气的低碳调峰能力，是其对能源转型的最大贡献之一。

石油公司十分看重天然气在能源转型中的重要性，把发展天然气业务作为能源转型的优先方向之一，做大做强天然气业务链和价值链。许多国际石油公司天然气产量超过40%，甚至更高，壳牌、BP等公司的天然气产量占比已提高至约50%（图1-1-5）。壳牌提出大力发展天然气战略，计划到2030年后将公司天然气产量占比提高至55%。道达尔能源2020年5月发布的绿色转型战略，强调通过拓展天然气业务、延长低碳电力产业链，来研发碳中和技术驱动其低碳发展战略。自2015年以来，道达尔能源不断增加天然气产量占比，计划在2030年将天然气的生产和销售提高到50%，到2035年提高到60%。

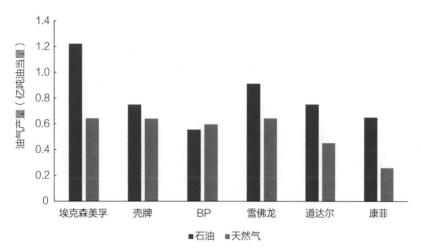

图 1-1-5　国际石油公司 2023 年油气产量
数据来源：各公司年报

第二章

全球天然气勘探开发形势

能源转型背景下全球油气勘探投资持续低迷，2023年全球勘探新增油气可采储量同比下降38.6%，亚洲地区引领全球油气发现，伊朗扎格罗斯盆地获得当年全球最大油气发现，印度尼西亚库泰盆地超深水区获得重要天然气发现，非洲纳米比亚和南美圭亚那、苏里南等重点海域持续获得新的发现。天然气开发投资持续回升，2023年油气上游投资同比增加12%，天然气产量与2022年基本持平，美国和中国天然气产量创历史新高，俄罗斯天然气产量持续下降。预计未来几年油气上游投资将稳步提升，2025年全球油气上游投资将超过6000亿美元。

第一节　全球天然气勘探形势

一、全球天然气勘探进展

勘探投资仍处于较低水平。 能源转型背景下，2013年以来，全球石油公司大幅削减上游投资，2023年全球油气勘探投资410亿美元，较2013年下降67%，较2022年下降15%，在勘探开发总投资同比增长12.3%的背景下，勘探投资的低迷显示出石油公司仍较为谨慎（图1-2-1）。

全球勘探钻井数量略降。石油公司专注于重点领域勘探，减少在环境敏感地区钻探高风险井。2023年，全球完钻探井和评价井共1372口，同比减少4.5%，其中探井721口，评价井651口（图1-2-2）。其中海域完钻485口，占比35.4%，较2022年增加35口。

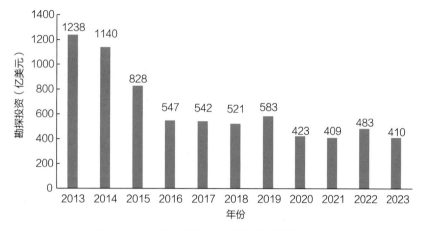

图1-2-1 2013年以来全球常规油气勘探投资
数据来源：睿咨得、标普全球

图1-2-2 2014年以来全球油气探井和评价井完钻数量
数据来源：标普全球

全球油气勘探发现较上年减少，天然气比例升高。2023年全球新发现255个油气田，勘探新增油气可采储量16.5亿吨油当量（120亿桶）（图1-2-3），同比减少38.6%。天然气占新发现储量的62%，高于近五年53.2%的均值。

伊朗大型天然气发现带动陆上油气发现比例升高。2023年全球陆上勘探新增油气可采储量8.9亿吨油当量，海域勘探新增油气可采储量7.5亿吨油当量（图1-2-4），陆上油气发展占比54.2%，远高于近五年32.4%的比例。其中，伊朗Shahini 1气田可采储量达到3.58亿吨油当量，Cheshmeh Shoor 1气田1.16亿吨油当量，两个气田的可采储量占到全球陆上新增油气储量的50%以上。

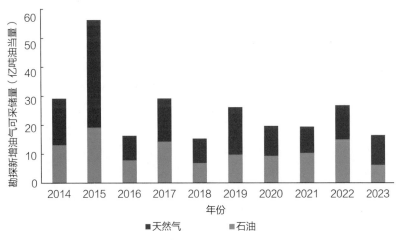

图1-2-3　2014年以来全球勘探新增油气可采储量
数据来源：标普全球

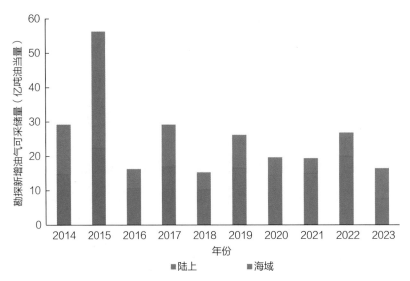

图1-2-4　2014年以来伊朗不同地表条件勘探新增油气可采储量
数据来源：标普全球

亚洲引领全球油气发现。2023年亚洲油气发现超全球勘探新增油气储量的60%，中东和亚太地区油气发现分别占全球油气发现的36%和24.4%。中东地区油气发现主要分布在伊朗和沙特，分别居全球第一和第六位，亚太地区油气发现主要分布在印度尼西亚和马来西亚，分别居全球第三和第四位。另外，南美的圭亚那、北美的墨西哥和美国、非洲的纳米比亚、澳大利亚、欧洲的土耳其和挪威等国也获得重要油气发现（图1-2-5）。

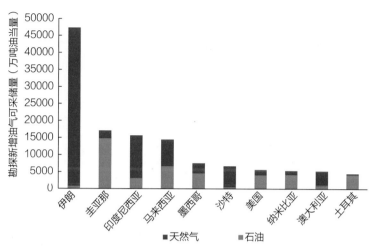

图 1-2-5　2023年全球重点国家勘探新增油气可采储量

数据来源：标普全球

二、2023年全球天然气重要发现

重点探井的发现是油气勘探新增储量的主力。 2023年，全球17个油气可采储量大于2000万吨的重要油气发现占当年勘探新增储量的70%（表1-2-1）。陆上大型发现主要位于中东的扎格罗斯盆地、阿姆达林盆地、中阿拉伯盆地和鲁卜哈利盆地，澳大利亚的鲍恩－苏拉特盆地，北美的阿拉斯加北坡盆地、苏雷斯特盆地，南美的查科盆地。海域大型发现主要位于南美的圭亚那盆地、苏里南盆地，东南亚的库泰盆地、巴林基安盆地，非洲的奥伦治盆地等。

表1-2-1　2023年全球重要油气发现

国家	盆地	油气田	油气类型	地形	石油（万吨）	天然气（亿立方米）	油气（万吨油当量）
伊朗	扎格罗斯盆地	Shahini 1	气	山地	603	4361	35763
伊朗	阿姆达林盆地	Cheshmeh Shoor 1	气	沙漠	137	1416	11553
印度尼西亚	库泰盆地	Geng North 1	气、凝析油	水深 1947 米	1918	793	8311
圭亚那	圭亚那盆地	Lancetfish 1	油气	水深 1780 米	6575	170	7945
圭亚那	圭亚那盆地	Fangtooth SE 1	油气	水深 1645 米	4795	79	5434
纳米比亚	奥伦治盆地	Jonker 1X	油气	水深 2210 米	4110	153	5342
苏里南	苏里南盆地	Roystonea 1	油气	水深 904 米	3836	79	4475

续表

国家	盆地	油气田	油气类型	地形	石油（万吨）	天然气（亿立方米）	油气（万吨油当量）
土耳其	扎格罗斯盆地	Sehit Aybuke Yalcin	油	山地	4110	42	4452
澳大利亚	鲍恩－苏拉特盆地	Canyon 2	致密气	平原	940	428	4387
印度尼西亚	北苏门答腊盆地	Layaran 1	气、凝析油	水深 1207 米	192	496	4187
美国	阿拉斯加北坡盆地	Hickory	油气	北极	3986	178	4174
圭亚那	圭亚那盆地	Wei 1	油	水深 583 米	3425	29	3658
沙特	中阿拉伯盆地	Usaikerak 1	气	沙漠	21	428	3468
马来西亚	巴林基安盆地	Chenda 1	油	水深 40 米	2740	71	3311
沙特	鲁卜哈利盆地	Al Hiran 1	气、凝析油	沙漠	462	309	2950
墨西哥	苏雷斯特盆地	Bakte 1	气、凝析油	林地	904	175	2317
玻利维亚	查科盆地	Remanso	气、凝析油	林地	712	198	2311

数据来源：标普全球

伊朗扎格罗斯盆地发现全球当年最大油气田。 伊朗近十年来勘探新增油气可采储量超过 20 亿吨油当量（图 1-2-6），大型发现主要分布在扎格罗斯盆地南部的法尔斯隆起。相对于其他构造带，法尔斯隆起的勘探程度低，尚有多个未钻大型构造圈闭，是扎格罗斯盆地待发现油气资源最为丰富的地区。2023 年伊朗国家石油公司发现 Shahini 1 气田，估算天然气可采储量 4361 亿立方米，主力目的层埋深 2500 米，储层为二叠系浅海相白云岩，背斜圈闭（图 1-2-7）。与全球多个陆上重点探区油气勘探进入非常规油气阶段不同，构造圈闭仍是伊朗在扎格罗斯盆地勘探的重点，预计该地区将持续获得大型天然气发现。

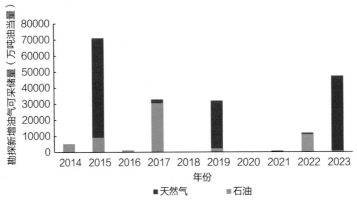

图 1-2-6　2014 年以来伊朗勘探新增油气可采储量

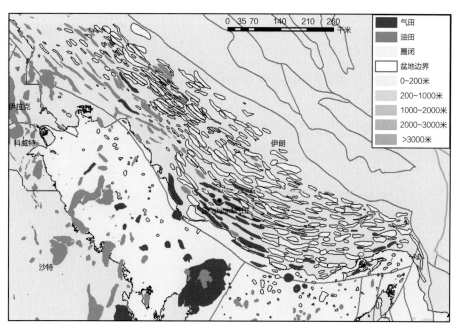

图1-2-7　伊朗扎格罗斯盆地法尔斯隆起油气田分布图

伊朗阿姆达林盆地发现Cheshmeh Shoor 1气田。阿姆达林盆地主要位于土库曼斯坦和乌兹别克斯坦，少部分位于阿富汗和伊朗。2014年以来，在土库曼斯坦、乌兹别克斯坦和伊朗勘探新增油气可采储量4.3亿吨油当量，天然气占93.4%（图1-2-8）。2023年，伊朗在阿姆达林盆地发现Cheshmeh Shoor 1气田，估算天然气可采储量1416亿立方米，石油137万吨。该气田位于科佩特前渊带，发现层位为上侏罗统Mozduran组，碳酸盐岩储层，顶部埋深2500米（图1-2-9）。阿姆达林盆地为勘探程度较高的成熟盆地，盆地南部木尔加布坳陷盐下上侏罗统碳酸盐岩仍具有较大勘探潜力，在乌恰德任隆起附近礁体发育，是阿姆达林盆地的重要潜力区。

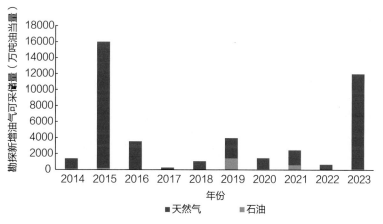

图1-2-8　2014年以来阿姆达林盆地勘探新增油气可采储量

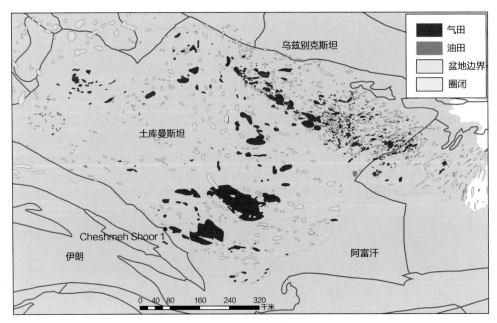

图 1-2-9　阿姆达林盆地油气田分布图

印度尼西亚库泰盆地超深水获得大型天然气发现。 2023年，印度尼西亚勘探新增油气储量达到近十年峰值，两个大型油气发现分别位于库泰盆地和北苏门答腊盆地，位于深水、超深水海域，以气为主（图1-2-10）。库泰盆地 Geng North 1气田水深1947米，钻遇50米中新统浊积砂岩优质储层，初产测试为：天然气226万～283万立方米/天；凝析油$6×10^3$桶/天。天然气可采储量793亿立方米，石油可采储量1918万吨。Geng North 1气田紧邻印度尼西亚深水开发区，周边多个早期天然气发现待开发，该发现将推动印度尼西亚深水区天然气开发，并可能重启受气源限制多条生产线停产的 Bontang LNG 运行（图1-2-11）。

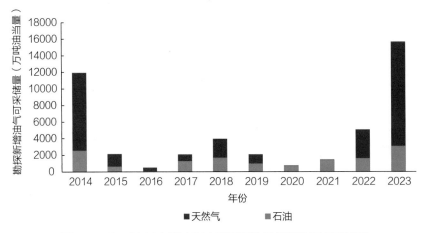

图 1-2-10　2014年以来印度尼西亚勘探新增油气可采储量

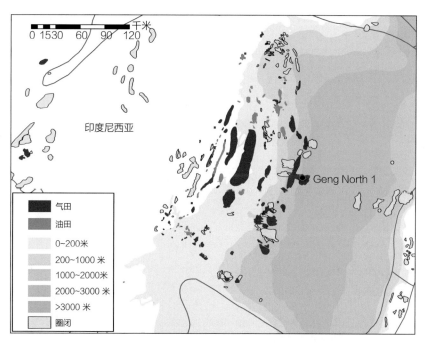

图 1-2-11　印度尼西亚库泰盆地海域油气田分布图

圭亚那－苏里南海域再获多个大型油气发现。圭亚那－苏里南海域是近年全球最为瞩目的勘探热点地区，2015年以来证实了上侏罗统生物礁、上白垩统浊积砂岩、中新统浊积砂岩三类成藏组合，截至2023年底，累计勘探新增油气可采储量25亿吨油当量，天然气占25.4%。2023年，该地区获得4个油气发现，以油为主（图1-2-12），埃克森美孚2023年1月完钻的Fangtooth Southeast-1井钻遇了上白垩统60.9米厚层含油砂岩，4月Lancetfish-1井钻遇上白垩统28m厚砂岩油层。11月，CGX和Frontera能源公司在苏里南海域Corentyne区块Wei-1井钻遇35米厚油层，储层为上白垩统马斯特里赫特阶浊积水道砂岩，马来西亚国家石油公司在苏里南52区块实施的Roystonea-1井钻遇上白垩统坎潘阶浊积砂岩（图1-2-13）。

纳米比亚海域持续获得重要油气发现。2022年Venus-1井钻探成功揭示奥伦治盆地下白垩统深水斜坡水道和盆底扇为该区新的勘探领域，成为大西洋两岸被动陆缘盆地深水浊积砂岩领域又一"新星"（图1-2-14）。2023年3月，壳牌公司在PEL-39区块钻探的Jonker-1X井获得轻质油发现，也是纳米比亚继Graff和Venus大型油田发现之后的第三个大发现，油气可采储量超过5000万吨，以油为主。该井水深2210米，钻探目标为上白垩统阿尔比阶盆底扇浊积砂岩。2024年Galp公司和道达尔公司又相继宣布获得新的油气发现。

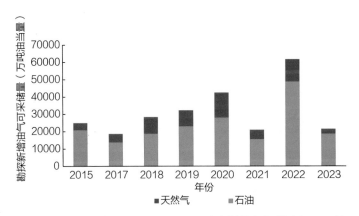

图1-2-12　2015年以来圭亚那-苏里南海域勘探新增油气可采储量

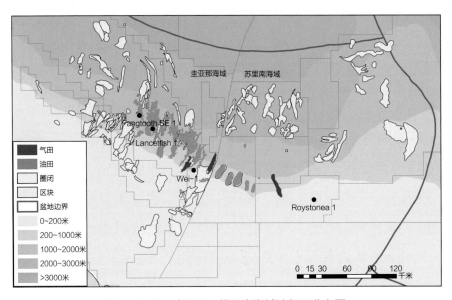

图1-2-13　圭亚那-苏里南海域油气田分布图

沙特陆上成熟盆地获得天然气发现。沙特作为全球最大的原油出口国，2023年，其天然气产量全球排名第九，仅满足本国需求，因此沙特的勘探战略是在2030年前扩大天然气比例。中阿拉伯盆地和鲁卜哈利盆地是全球主要含油气盆地，已发现油气储量分别居全球第一位和第五位，勘探程度较高。2021年两个盆地分别获得重要天然气发现，2023年两个盆地又分别获得一个天然气发现。Usaikerak 1气田位于中阿拉伯盆地，天然气可采储量428亿立方米，发现层位为三叠系Jilh组，测试日产气130万立方米（图1-2-15）。Al Hiran 1气田位于鲁卜哈利盆地，天然气可采储量309亿立方米，两个层位分别测试，侏罗系Hanifa组测试日产气85万立方米，凝析油1600桶，侏罗系ARAB-C段测试日产气9万立方米（图1-2-16）。

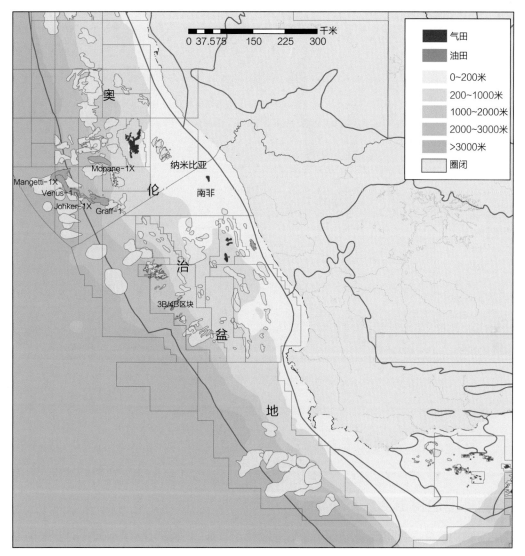

图 1-2-14　奥伦治盆地油气田分布图

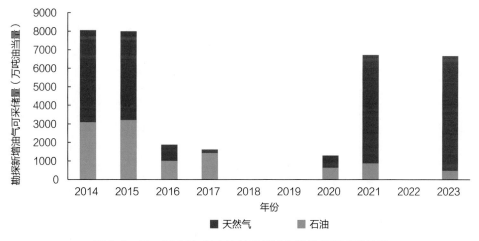

图 1-2-15　2014 年以来沙特常规油气勘探新增可采储量

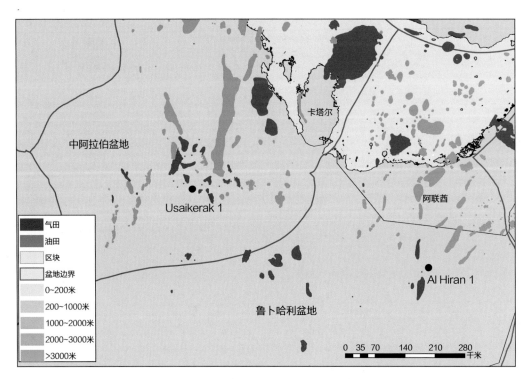

图1-2-16 沙特中阿拉伯盆地、鲁卜哈利盆地油气田分布图

三、2024年全球勘探热点

海域勘探活动将更活跃。2024年，海域油气勘探投资将继续增长。标普全球数据显示，2024年全球海域勘探投资将增长15%，深水区油气勘探将保持活跃度，投资增长主要集中在亚太、拉美和非洲地区（图1-2-17）。

图1-2-17 全球各大区海域勘探投资

非洲海域掀起新的勘探热潮。2024年，奥伦治盆地仍是非洲勘探热点地区。2024年1月，Galp公司宣布在纳米比亚Mopane-1X井获得发现，初步估算油气地质储量达到100亿桶油当量。2024年2月，道达尔公司宣布纳米比亚Mangetti-1井获得油气发现。该盆地在南非海域还有大量待钻圈闭，2024年，勘探会向南延伸。奥伦治盆地之外在东非莫桑比克海域、西非安哥拉海域、西北非塞内加尔海域、北非埃及海域都将实施钻探，预计多个海域将获得重要油气发现。

南美圭亚那海域和巴西海域热度不减。圭亚那－苏里南海域自2015年以来持续获得大型油气发现。近几年，巴西海域坎波斯盆地盐下获得多个天然气发现，其经济性和二氧化碳含量高是主要风险，多口井等待钻探结果。2024年，BP尝试在Pau钻探一口井，也面临相同的风险。挪威国家石油公司将在阿根廷科罗拉多盆地深水白垩系钻探Argerich-1井，该盆地仅在大陆架边缘钻探了少量探井，深水区勘探若取得成功，将开辟包括乌拉圭在内的南美东部勘探程度极低盆地的新领域。

亚太地区马来西亚和印度尼西亚海域有望获得新的发现。壳牌公司2024年在马来西亚沙捞越盆地钻探深水渐新统－中新统碳酸盐岩和浊积砂岩目标。印度尼西亚2023在库泰盆地超深水区获得发现后，2024年尝试钻探Kadal-1井，探测深水浊积砂岩。亚太地区在澳大利亚、巴布亚新几内亚、印度等国海域的探井值得关注。

第二节　全球天然气开发形势

一、2023年全球天然气储量与开发现状

全球天然气剩余可采储量增长0.7%。据美国《油气杂志》统计，截至2023年底，全球天然气剩余可采储量212.4万亿立方米，较2022年增长0.7%。从六大地区变化情况来看（图1-2-18），美洲地区增长3.7%，中东地区增长1.3%，中亚－俄罗斯地区与2022年基本持平，亚太、欧洲和非洲地区分别减少3.1%、0.7%和0.6%。

从国家排名来看（图1-2-19），全球天然气剩余可采储量前十的国家中，中东地区有4个，中亚－俄罗斯和美洲地区分别有2个，亚太和非洲地区各1个。上述

10个国家的天然气剩余技术可采储量占80.5%。主要油气生产国中，美国天然气剩余可采储量增加7337亿立方米，增幅4.4%；沙特陆上天然气获得重大发现，天然气剩余可采储量增加10064亿立方米，增幅11.8%；尼日利亚天然气剩余可采储量受价格上涨推动，增加1.1%，阿联酋天然气剩余可采储量增加100亿立方米；剩余可采储量基本不变的国家有俄罗斯、伊朗、卡塔尔、中国4个；委内瑞拉天然气剩余可采储量减少300亿立方米，降幅0.5%。

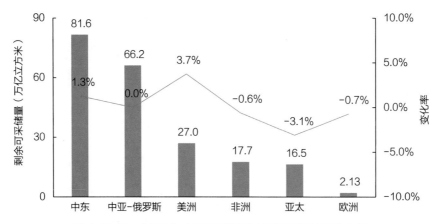

图1-2-18　2023年全球天然气剩余可采储量地区分布图

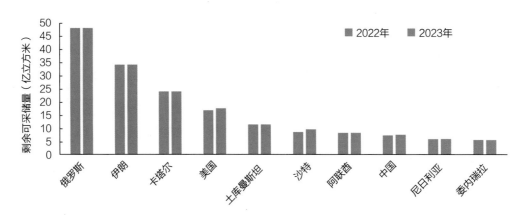

图1-2-19　2023年全球天然气剩余可采储量前十国家的
天然气剩余可采储量变化对比图

此外，2023年天然气剩余技术可采储量变化幅度超过300亿立方米的国家中，增幅较大的分别是沙特、美国、中国、尼日利亚和阿曼，天然气剩余可采储量合计增加2.1万亿立方米，增幅5.4%；降幅较大的是安哥拉、印度、印度尼西亚、秘鲁和巴基斯坦，天然气剩余可采储量合计减少6252亿立方米，降幅16.9%（图1-2-20）。

全球天然气产量与2022年基本持平。 2023年全球天然气产量4.03万亿立方米。从地区来看，美洲地区天然气产量增加562亿立方米，同比增长4.2%；中东和亚太地区产量分别增加20亿立方米、18亿立方米，同比增长0.3%；中亚 - 俄罗斯地区降幅3.2%，产量减少264亿立方米；非洲地区降幅8.7%，产量减少222亿立方米；欧洲地区降幅4.6%，产量减少93亿立方米（图1-2-21）。

从国家排名来看，天然气产量排名前十的国家依次为美国、俄罗斯、伊朗、中国、加拿大、澳大利亚、卡塔尔、挪威、沙特和马来西亚（图1-2-22）。上述国家天然气产量合计2.89万亿立方米，占全球天然气产量的71.6%。

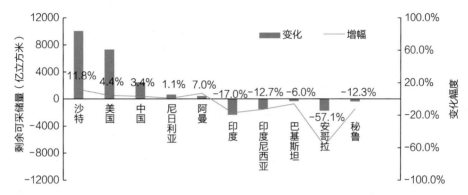

图1-2-20　2023年天然气剩余技术可采储量变化幅度最大的10个国家

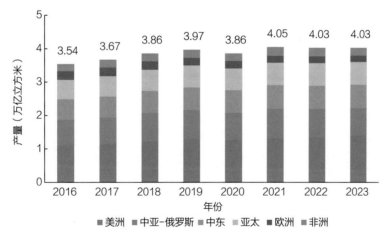

图1-2-21　全球不同地区2016—2023年天然气产量构成柱状图

数据来源：《油气杂志》

全球天然气产量增幅较大的前五个国家为美国、中国、土库曼斯坦、阿根廷和卡塔尔。上述五个国家产量增量合计646亿立方米；天然气产量降幅最大的是俄罗斯，减产336亿立方米，其次为伊朗、英国、荷兰和挪威，四个国家合计减产152亿立方米（图1-2-23）。

从气田排名来看，全球天然气产量排名前十的气田中，中东地区有4个，分别为南帕斯气田、北方气田、加瓦尔气田和阿布扎比国家石油公司天然气项目；中亚－俄罗斯地区有6个，包括鲍瓦年科气田、扎波利亚尔气田、亚姆堡气田、南塔姆别依斯凯气田；欧洲地区有1个，即特罗尔气田；非洲地区有1个，即哈西鲁迈勒气田（图1-2-24）。上述气田产量占全球天然气产量的16%。

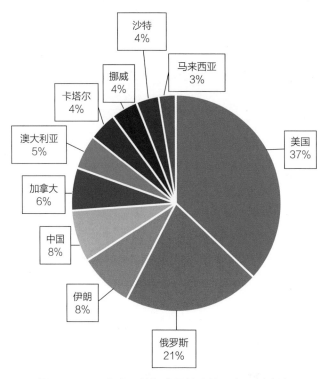

图1-2-22　全球天然气产量前十的国家及其占比

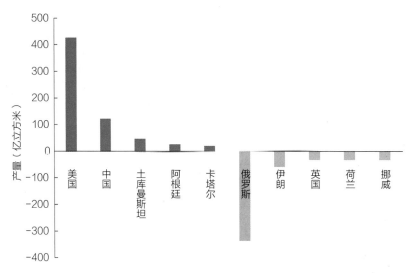

图1-2-23　2023年全球天然气产量增幅和降幅较大的国家统计图

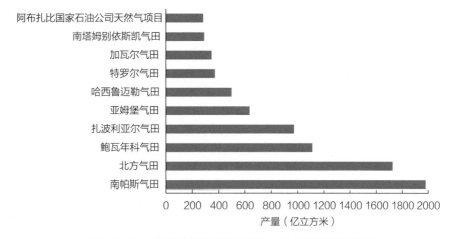

图 1-2-24　全球天然气产量排名前十的气田产量柱状图

二、全球天然气开发形势

天然气剩余可采储量分布特点为"两大三中一小"。 全球天然气剩余可采储量仍然集中在中东和中亚－俄罗斯两个地区，天然气剩余可采储量均超过 50 万亿立方米，占比 70.1%；其次为美洲、非洲和亚太地区，天然气剩余可采储量为 10 万～30 万亿立方米，占比 29.0%；欧洲地区占比最少，仅占 1.0%。从资源类型分布上看，中亚－俄罗斯地区天然气剩余可采储量主要是陆上常规天然气，美洲地区主要是非常规天然气，中东、非洲和欧洲地区主要是海域天然气，亚太地区以陆上常规天然气和海域天然气为主。近几年全球天然气大发现多数集中在海域，新增储量以海上为主，其中南帕斯气田和北方气田在全球天然气剩余技术可采储量排名前十的大气田中占前两位。

美国天然气产量增长 4.2%。 2023 年，美国天然气产量 10639 亿立方米，创造了历史新高。从地区分布看，位于美国东北部的阿巴拉契亚地区，是美国最大的天然气生产区，其产量占美国天然气总产量的 29% 左右；位于得克萨斯州和新墨西哥州的二叠纪盆地，是美国第二大天然气产区，也是产量主要增长地区；位于路易斯安那州和得克萨斯州的海恩斯维尔地区，天然气产量占美国总产量的 13%。

中国天然气产量连续七年增量超过 100 亿立方米。 2023 年，中国油气公司持续加大勘探开发投资和工作量投入，深入推进科技创新战略，加快向深地、非常规、深水领域进军，天然气年产量增长至 2324 亿立方米（不含煤制气），比 2022 年增加 123 亿立方米，增长约 5.6%，其中页岩气产量达到 250 亿立方米。天然气快速上产进一步夯实了安全供给基础。

中亚–俄罗斯地区天然气产量总体降幅3.2%。2023年，中亚–俄罗斯地区天然气产量8114亿立方米，较2022年的8378亿立方米下降约3.2%，其中，俄罗斯降幅最大，为336亿立方米，降幅5.3%。土库曼斯坦、乌兹别克斯坦等增加产量786亿立方米，涨幅2.7%。全球能源市场的变化是产量下降的重要因素，既有可再生能源对传统化石能源的冲击，也有全球气候治理政策对化石能源的限制，尤其是欧洲地区对俄罗斯实施的油气"脱钩"政策，减少了俄罗斯的管道气进口量。另外，俄乌冲突导致的俄罗斯天然气输送管道的维护和修复也需要时间，出现了间歇生产的情况，造成产量下降。

非洲地区产量下降8.7%。2023年，非洲地区天然气产量2321亿立方米，较2022年的2543亿立方米下降约8.7%，安哥拉、埃及、阿尔及利亚等国家均有不同程度的下降。主要原因是非洲现有气田，尤其是非洲北部和西部的一些已开发气田逐渐进入开发后期，产量占比大，进入递减期，对持续稳产影响较大。

受油气价格上涨驱动，上游勘探开发投资增长12%。油气上游投资与油气价格呈较强的正相关关系，2023年，全球上游投资5770亿美元，比2022年增长近12.2%。2023年，海上勘探开发投资增长较快。从地区来看，欧洲地区投资增幅最大，达到30%；投资增幅超过10%的地区有非洲、中东、美洲和亚太地区，主要原因是美洲页岩油气投资回收期短，对价格高度敏感，巴西、圭亚那深水油气田产量上升；亚洲油气需求增加推动上游不断增加投资；俄乌冲突持续存在使得俄罗斯在油气领域项目投资继续下降1.7%（图1-2-25）。

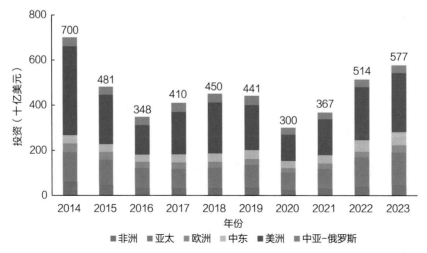

图1-2-25 2014年以来全球不同地区油气勘探开发投资变化趋势

数据来源：S&P Global Commodity Insights

第三章

全球天然气市场回顾和展望

2023年，受前期投资不足影响，LNG项目产能建设仍处在低速增长期，LNG供应增速较低。与此同时，全球经济增长动能不足、冬季气候相对温暖、欧洲高库存、替代能源增加等因素的共同作用，使全球天然气消费增速趋缓，市场呈现供需宽松态势。全球LNG贸易量略有增长，但贸易结构持续调整。俄罗斯出口欧洲的管道气量持续减少，欧洲LNG进口量由高位回落，亚洲LNG进口量恢复增长。美国凭借LNG出口量的激增，成为全球最大LNG供应国，凸显其在全球能源市场中的新角色。澳大利亚和卡塔尔等传统供应国紧随其后，但市场份额受到影响。长期购销协议签约量稳定，现货交易份额较2022年有所提高，国际气价自高位回落，全球天然气市场在复杂多变的环境中寻求平衡与发展。

第一节 天然气基础设施

一、天然气液化厂

LNG液化产能增速放缓。受前期投资不足的影响，2023年仅2个新建项目宣布投产，新增产能720万吨/年，这一增量明显低于2016—2020年平均每年新增

2000万～3000万吨液化量的水平，LNG产能仍处在低速增长区间（图1-3-1）。2023年的新增产能来自莫桑比克的Coral South FLNG项目（液化产能340万吨/年）和印度尼西亚的Tangguh LNG T3项目（液化产能380万吨/年）。墨西哥的Fast LNG Altamira（液化产能140万吨/年）、刚果的Congo LNG（液化产能60万吨/年）项目原计划于2023年投产，但是由于项目推进停滞，投产日期推迟至2024年。年初被业界寄予厚望的美国Calcasieu Pass LNG T13-18项目（年液化能力1000万吨）已经装船外运，但业主Venture Global迟迟未宣布正式投入商业化运营，引发了欧亚多家长约采购方的质疑和诉讼。

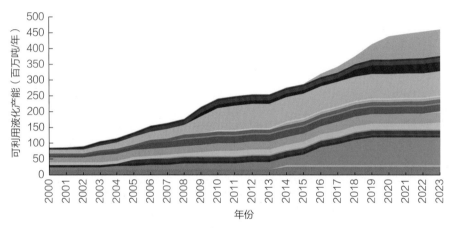

图1-3-1　2000—2023年全球LNG可利用液化产能
数据来源：IHS

LNG供应持续趋紧。 2023年，全球LNG液化产能为4.61亿吨/年，同比增速1.59%，为近十年较低水平。从国家来看，由于美国Calcasieu Pass LNG项目投产推迟，澳大利亚仍是全球第一大LNG生产国，液化产能为8780万吨/年，其次是美国和卡塔尔，液化产能分别为8375万吨/年和7740万吨/年，马来西亚和俄罗斯分别位居第四和第五，液化产能分别为3200万吨/年和3040万吨/年（图1-3-2）。2023年，全球LNG总供应量为4.09亿吨，同比增加671万吨，增量较过去几年平均水平（除2020年）相对偏少。全球LNG实际供应量增长主要来自2022年新投产项目和美国Freeport LNG回归。

意外事件推高全球LNG产能利用率。 除低位徘徊的新增产能外，在运营LNG项目也受到了检修、罢工和其他意外事件的冲击。9～10月间的澳大利亚LNG项目罢工事件涉及North West Shelf、Wheatstone和Gorgon三个LNG液化出口终端，合计产能超过4000万吨，相当于澳大利亚LNG产能的47%，占全球总产能的

10%，是近年来波及面最大的LNG项目罢工事件之一。屡屡出现的停产事件抵消了美国Freeport LNG重新上线的影响，全球LNG产能利用率再创新高。2023年年均利用率达到92%，较2022年增长了0.5个百分点（图1-3-3）。

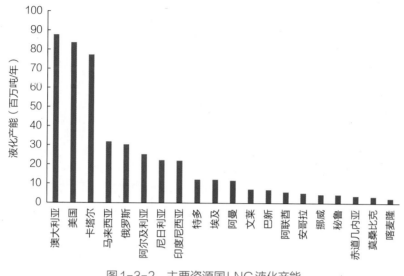

图1-3-2 主要资源国LNG液化产能
数据来源：IHS

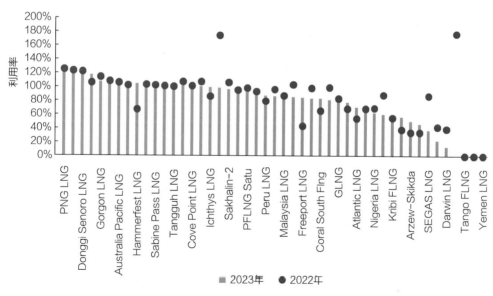

图1-3-3 全球LNG项目利用率
数据来源：IHS

LNG项目建设投资快速增长。2023年，全球共有5个LNG出口项目，共计19条生产线做出最终投资决定（FID），总液化产能3700万吨/年，2022年和2021年做出FID的总液化产能分别超过3200万吨/年和3700万吨/年，全球LNG项目建设投资连续三年保持强劲态势。其中，有3个项目位于美国，产能规模约3490万吨/年，占总液化产能的94.3%，其他项目位于墨西哥和加蓬，预计于2026—2028年陆续投产。由于价格和需求降低，LNG项目承购合同签约放缓，部分原计划于2023年做出FID的LNG项目都未能实现目标，包括美国项目和卡塔尔项目（NFS项目液化产能为1600万吨/年，FID推迟到2024年）。鉴于对2030年全球天然气市场可能更加宽松的担忧，以及美国潜在监管障碍和环境阻力的不确定性，美国诸多LNG项目FID推迟或停止，或将使全球LNG市场从原本预计的供应过剩转为供需相对平衡的新态势。

LNG新增产能将逐步回暖。 受低油价期油气勘探开发投资放缓和2016—2017年新获得FID的LNG项目大量减少等原因影响，2021—2023年全球年均新增液化产能731万吨，低于过去3年3232万吨的年均新增液化产能，这进一步加剧了天然气供需紧张局面，预计2024年全球新增LNG液化产能2050万吨/年，2026—2028年液化产能恢复快速增长，卡塔尔、美国、尼日利亚、澳大利亚和俄罗斯等国的LNG项目将集中投产，预计2026—2028年年均新增LNG液化产能4897万吨（图1-3-4）。

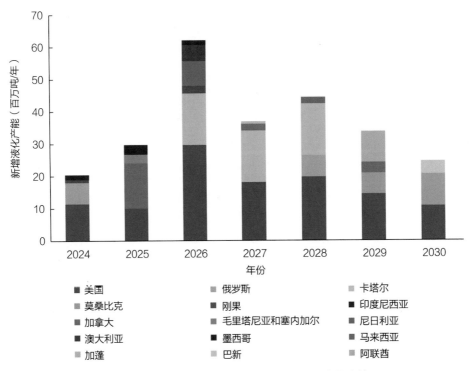

图1-3-4　2024—2030年全球新增LNG液化产能

数据来源：IHS

二、LNG接收站

2023年底，全球LNG在运行接收站共计271座。东亚地区作为全球最主要的LNG进口区域，其LNG接收能力占全球的46.2%，日本、韩国和中国LNG接收能力依次居全区前三位；欧洲地区LNG接收能力占全球的21.6%，重点国家包括西班牙、土耳其、英国和法国等（图1-3-5）。

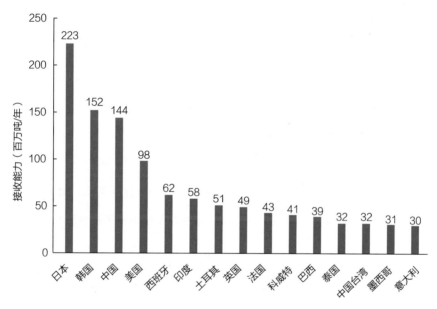

图1-3-5　全球重点国家和地区LNG接收站接收能力
数据来源：IHS

2023年全球新建LNG接收站接收能力合计8600万吨/年，全球LNG接收站进入投产高峰期，总接卸能力达11亿吨/年。全球LNG接收站平均利用率为41.6%，同比下降2.2个百分点。其中，位于中国、德国、菲律宾、西班牙、印度、土耳其、中国香港、意大利、法国、芬兰和越南的19座新建LNG接收站已交付，另有中国江苏滨海LNG接收站二期已完成建设但尚未交付运营。预计2024年新增LNG接收能力最多的国家为巴西，将新增接收能力1370万吨/年。

未来新增LNG接收能力集中于亚洲。到2027年，亚洲地区新建和扩建LNG项目总接收能力将达到1.85亿吨/年，中国和印度将主要推进亚洲LNG接收站建设，预计占2027年全球新增LNG总接收能力的46%，其中印度将占亚洲新增LNG接收能力的12%。2023年印度LNG接受能力为4540万吨/年，预计2027年将达到6750万吨/年。

第二节　天然气供需平衡状况

一、天然气需求

　　2023年全球天然气需求缓慢恢复。2023年的天然气市场经历了一场复杂而微妙的转型与恢复。全年消费量虽达4万亿立方米，扭转了2022年同比减少0.38%的下降趋势，但0.5%的增长率也透露出需求恢复之路的坎坷与不易。2023年，天然气市场的波动不仅映射出全球经济的微妙变化，也反映了全球能源结构的深刻调整与未来趋势。国际气价的显著回落，无疑为全球天然气市场注射了一剂强心针。受益于价格优势，亚洲地区的市场需求得到有效提振。然而，这股复苏的暖流并未全面覆盖全球，其背后隐藏着多重挑战与变数。全球经济增长乏力，尤其是工业领域的复苏步伐缓慢，直接导致工业用气需求疲软。与此同时，随着核电、风能、太阳能等清洁能源的快速发展，天然气在发电领域的地位受到前所未有的挑战，发电用气需求因此减少。此外，2023年冬季，全球多地气温偏暖，这在一定程度上减轻了采暖用气的压力，同时也限制了天然气消费量的进一步增长。这种天气现象虽为短期因素，却在一定程度上反映了全球气候变化的长期趋势，以及其对能源市场可能产生的深远影响。

　　从区域市场来看（图1-3-6），各地区天然气消费呈现差异化特点。北美市场，尤其是美国，虽然消费量有所增加，但由于暖冬、经济复苏缓慢、替代能源快速发展等，天然气消费增速显著放缓。2023年，北美天然气消费量为1.1万亿立方米，增速从2022年的4.6%降至0.95%。其中，美国的天然气消费量为8865亿立方米，同比增长0.8%，增速较2022年下降4.4个百分点。欧洲市场则深陷负增长泥潭。经济停滞、制造业萎缩以及清洁能源的快速发展共同作用于市场，导致天然气消费量持续下降。2023年，欧洲天然气消费量为4634亿立方米，同比下降6.89%。相比之下，亚太地区的天然气消费量增速下降，2023年天然气消费量为9354亿立方米，同比增长1.64%，成为全球天然气市场的一抹亮色。中国和印度对天然气的强劲需求为区域市场的复苏提供了有力支撑。

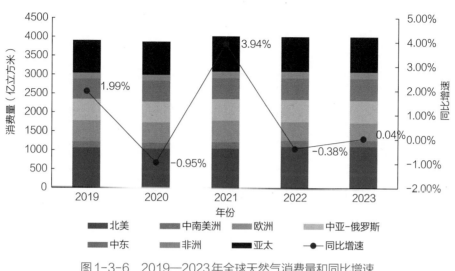

图 1-3-6　2019—2023 年全球天然气消费量和同比增速

数据来源：Energy Institute

　　美国天然气消费小幅增长。近年来，美国天然气市场展现出显著的韧性与稳定性，据国际能源署统计（图 1-3-7），尽管 2023 年的消费量增速 0.41%，相较于 2022 年 5.53% 的水平显著放缓，但总消费量依然保持在 8301 亿立方米的高位。经济恢复缓慢、暖冬、可再生能源利用增加等多重因素叠加，一定程度上抑制了美国居民和商业部门的天然气消费需求。2023 年，美国居民用气量 1269 亿立方米，同比下降 10%；商业用气量 933 亿立方米，同比下降 15%。工业用气量是天然气消费中的"重头戏"，近年来呈现出波动上升的趋势。2023 年，美国工业用气量 2417 亿立方米，与 2022 年持平。近年来，随着环保法规的完善和清洁能源技术的进步，美

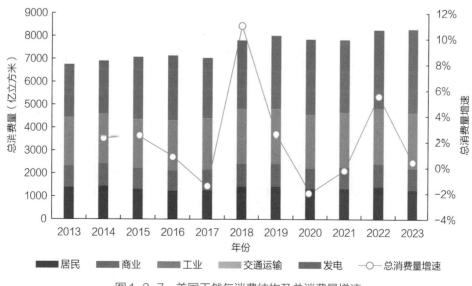

图 1-3-7　美国天然气消费结构及总消费量增速

数据来源：EIA

国交通运输用气量从9亿立方米增长至2023年的15亿立方米，但比2022年减少18%。国际气价的回落导致美国国内LNG市场价格下降，增强了天然气的经济性。与柴油价格比，等热值LNG创近三年最低，使得车用LNG经济性优势明显。未来一段时间，天然气在交通领域应用的潜力或将得到释放。发电是美国天然气消费的重点领域，其消费量从2013年的2319亿立方米增长至2023年的3661亿立方米，增长幅度较大，且在天然气消费各部门中，2023年的发电用气同比增长6%，是唯一实现增长的部门。特别是在冬季采暖和夏季发电高峰期，天然气作为灵活、高效的发电燃料，对其的需求保持高位。

欧洲天然气需求增速明显放缓。近年来，欧洲天然气市场经历了剧烈波动后，展现出显著的转型与调整特征（图1-3-8）。2023年初，欧盟成员国达成协议，同意将自愿减少15%天然气需求的目标延长一年。受综合经济增速放缓、能源结构转型、替代能源利用增加以及地缘政治等因素影响，在全球天然气消费增长0.5%的背景下，欧洲市场消费天然气4634亿立方米，同比下降6.9%，延续了2022年的负增长态势。这一变化直接反映了欧洲在能源转型和能源安全方面的努力与挑战。欧洲能源消费结构变化是导致天然气需求疲软的重要因素之一。随着核电及风光等替代能源利用的增加，欧洲发电用气需求明显受到抑制。尤其是在德国等核电大国，重启核电项目减少了对天然气的依赖。同时，风能、太阳能等可再生能源快速发展，在一次能源消费中的占比从2022年的14%上升至2023年的15%，表明

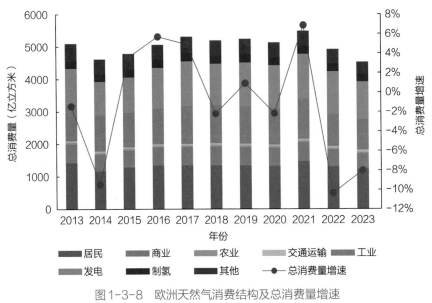

图1-3-8　欧洲天然气消费结构及总消费量增速

数据来源：标普全球

欧洲正在积极寻求替代能源以减少对天然气的依赖。2023年，全球经济增长动能不足，欧洲经济也未能幸免。制造业疲软、消费不振导致工业用气需求增长乏力。此外，冬季气温偏暖也减少了采暖用气的需求，进一步压缩了天然气市场的增长空间。

亚太地区天然气消费量稳步复苏。2023年，亚太地区天然气需求明显恢复，成为推动全球天然气需求增长的主要动力之一（图1-3-9）。亚太地区全年消费天然气9354亿立方米，同比增加1.6%。在中国市场的强劲拉动下，亚洲天然气需求增长尤为突出。中国作为亚洲最大的天然气消费国，其天然气消费量在2023年达到4048亿立方米，同比增长7%。这一增长主要是宏观经济回升向好、国内LNG价格下降以及水电出力下降等多重因素支撑的结果。特别是交通运输用气领域，由于LNG汽车销量同比增长超300%，交通及运输用气需求快速增长，成为推动中国天然气消费增长的重要力量。此外，印度及其他新兴市场也展现出巨大的天然气需求增长潜力。这些国家随着经济的快速发展和工业化进程的加速推进，对清洁能源的需求不断增加。印度等新兴市场在亚洲LNG进口中的占比逐渐提升，成为推动亚洲天然气需求增长的重要力量。在能源转型的大背景下，亚洲天然气需求结构也发生了一定的变化。随着各国对环境保护和可持续发展的重视，天然气作为相对清洁的化石能源，在能源消费中的占比逐渐提升。特别是在发电领域，天然气的消费增速明显。此外，天然气基础设施不断完善，如LNG接收站和天然气管道的建设，也为

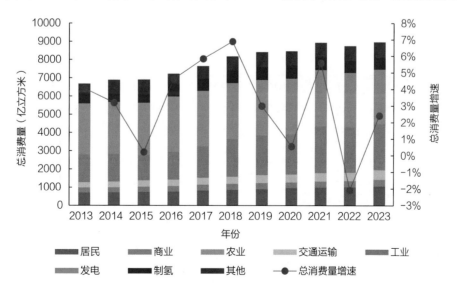

图1-3-9　亚洲天然气消费结构及总消费量增速

数据来源：标普全球

亚洲天然气需求的增长提供了有力支撑。

2024年，全球天然气市场进入一个融合挑战与机遇的新时期。据预测，全球天然气消费量将温和增长至4.02万亿立方米，年增长率约为1.5%，这一稳健扩张标志着市场正从近年来的波动中复苏，步入更为坚实的增长轨道。这是全球经济回暖的步伐稳健、能源结构的持续优化以及各国能源政策的积极调整共同发挥作用的结果。

北美地区作为传统能源市场的重要组成部分，其天然气消费增长虽放缓至0.9%，但仍保持正增长。这一变化深刻反映了该地区能源转型的深入，特别是可再生能源的快速发展，如风电、太阳能等清洁能源的广泛应用，有效缓解了对天然气的需求压力。同时，工业用气需求下降也促使整体增长速率放缓，彰显了北美在能源多元化道路上的坚定步伐。

反观欧洲，能源转型的步伐明显加快，成为重塑全球天然气市场格局的重要推手。面对气候变化的严峻挑战，欧洲各国纷纷加大对可再生能源的投资力度，风电、太阳能等清洁能源的迅速崛起显著降低了对化石燃料的依赖。此外，制造业的外迁进一步降低了欧洲的工业用气需求，预计全年天然气需求量将下滑2.5%。尽管如此，欧洲在保障能源安全上的考量促使其继续重视LNG等进口气源，尽管进口管道气量保持平稳，但LNG进口量或因需求结构变化而略有下降。

相比之下，亚太地区成为全球天然气需求增长的新高地。预计该区域天然气消费量将实现4.0%的强劲增长，成为驱动全球天然气需求增长的主要动力。日本与韩国在追求能源多元化的过程中，通过重启核电项目及新建煤电厂来平衡能源结构，间接影响了发电用气的增长。印度经济的蓬勃发展成为该地区天然气需求增长的新亮点，其工业化和城市化进程的加快显著增加了天然气需求。此外，新兴市场国家燃气发电的增加也为亚太地区的天然气市场注入了新的活力，预示着该地区在能源消费领域有广阔的发展前景。

二、天然气贸易与价格

全球LNG贸易量受经济增速放缓影响增幅减少。 2023年，全球LNG贸易量为4.11亿吨，沟通了20个出口国和51个消费国，同比增长2.12%，出口增长主要来自美国、阿尔及利亚和莫桑比克，分别增加8900万吨、2880万吨和2620万吨（图

1-3-10）。但受全球经济增速放缓影响，同比增幅较2022年明显下降。主要原因有三个：首先，受全球经济增速放缓影响，制造业和工业活动减弱，导致对LNG的需求增长放缓；其次，主要进口国如欧洲在前期积累了大量库存，降低了对LNG的即期需求；最后，全球多个LNG项目投产或恢复生产，如印度尼西亚Tangguh LNG三期、美国Freeport LNG、莫桑比克Coral South FLNG和阿曼Oman LNG，增加了市场供应。2023年，全球LNG贸易在复杂多变的国际环境中展现出新的特点和趋势，包括贸易量增速放缓、出口国家竞争加剧、需求变化显著、交易方式灵活性增加以及价格大幅波动等。这些因素将继续影响未来全球LNG市场的发展。

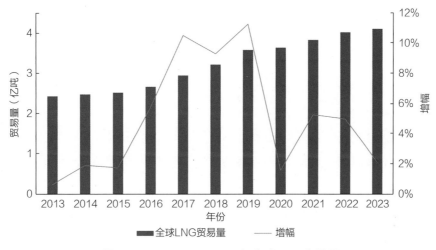

图1-3-10 2013—2023年全球LNG贸易量
数据来源：标普全球

美国成为全球最大的LNG出口国。 2023年，得益于丰富的页岩气资源和不断扩建的LNG出口设施，美国成为全球第一大LNG出口国，出口量达8453万吨，较2022年增长890万吨（图1-3-11）。继Calcasieu Pass LNG项目2022年实现新增出口量后，Freeport LNG项目重新投入运营。据估算，这两个项目合计增加了约600万吨产量，为美国的出口增长提供了重要支撑。亚洲需求增长是美国出口增长的外部驱动，2023年出口亚洲的LNG总量同比增长17.5%，弥补了出口欧洲增速放缓的缺口。受第四季度短暂的供应中断影响，澳大利亚的LNG出口量略有下降，全年出口量为7956万吨，但大多数液化项目仍维持原有出口量。卡塔尔尽管LNG出口量小幅下降，2023年LNG出口量为7822万吨，但仍是重要的LNG供应国，其出口的LNG主要集中在亚洲市场。这三大LNG出口国共占2023年全球LNG产量的60.4%。受俄乌冲突影响，俄罗斯的LNG出口量同比出现下降，降至

3136万吨。萨哈林2号LNG项目和亚马尔LNG项目在夏季进行了年度维护，但两地的出口量仍保持在额定产能之上。

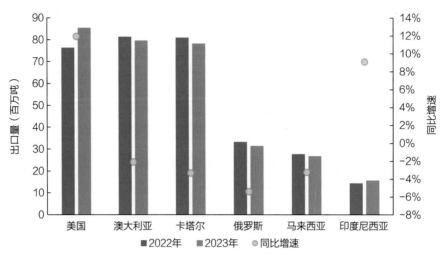

图1-3-11 2022年和2023年全球主要国家LNG出口量及同比变化

数据来源：标普全球、伍德麦肯兹、IGU2024

气价回落导致亚洲进口量显著增长。2023年，全球LNG进口格局出现显著变化（图1-3-12）。受经济疲软、气候温暖、库存高、替代能源利用增加等影响，欧洲天然气消费量创1994年以来的最低纪录，与之相匹配的是年度天然气进口量合计2807亿立方米，远低于2019年3563亿立方米的峰值水平。进口结构也在2022年基础上进一步调整，在继续降低管道气进口的同时，LNG进口量也一改2022年的大幅增长态势，小幅减少为1.2亿吨左右。与之相反，由于抓住了LNG价格回落衍生的现货购买机遇，2023年，亚洲地区合计进口LNG1.06亿吨，同比增长12.5%。中国进口7119万吨，同比增长11.9%。印度进口2196万吨，同比增长9.6%。中国和印度成为亚洲LNG进口增长的主要支撑力量。亚太地区的进口量下降了347万吨。日本经济动力不足和核电利用的恢复，导致LNG进口量从2022年的7306万吨降至2023年的6612万吨。韩国转向依赖煤电，LNG进口量也从4681万吨降至4517万吨。泰国、印度尼西亚、新加坡和马来西亚等中等规模市场的LNG进口量增幅明显增加，菲律宾和越南均为首次进口LNG，二者的占比较小。世界其他市场中，拉丁美洲的年LNG进口量为942万吨，同比下降了6.4%。

长期购销协议签订量维持稳定。LNG长约签订量稳定在7000万吨/年的水平，新增供应主要来自卡塔尔、阿曼和美国（图1-3-13）。大资源商因其产业链完整和资源池布局完善，仍然是市场采购的主体，签约量约2700万吨/年，占比约

38.6%。中国市场对长期购销协议的需求保持稳定。欧洲需求略有下降。南亚与东南亚因价格下跌增加了签约量。其中，灵活目的地的长期购销协议激增，这表明无论是资源转卖还是消费市场，对依据价格波动在全球范围内优化资源配置的需求持续提升。来自中东的资源主要挂钩布伦特原油价格，全年加权平均斜率达12.9%。由于受全球通胀率上升、劳动力成本上涨、材料和设备供应链的中断等综合因素的影响，北美项目的液化费近年持续走高，导致北美地区签约活动减弱。该趋势持续发展将进一步增加长期购销协议的采购成本，进一步影响市场格局。北美生产商与贸易商的积极参与使得市场多元化趋势显著。无论市场环境如何变化，价格机制、合同条款及全球供应链的稳定性仍是影响LNG长期购销协议签订的关键。

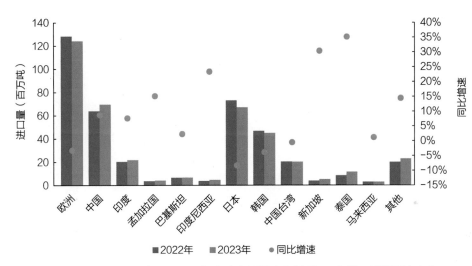

图1-3-12　2022年和2023年全球主要国家和地区LNG进口量及同比变化

数据来源：标普全球、伍德麦肯兹、IGU2024

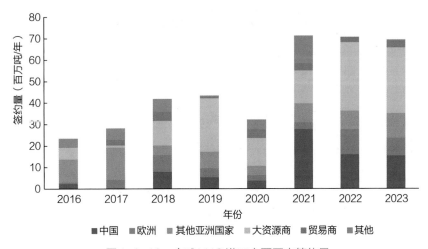

图1-3-13　全球LNG进口主要买家签约量

数据来源：伍德麦肯兹

现货交易相较去年活跃度上升。2023年，LNG市场正经历从长期合同为主向更加灵活多变的交易模式转变的过程。全年长期合同占净进口的61.1%，短期合同占3.8%，现货交易占35.2%，其中现货交易较去年30.4%的比重显著增长，反映出市场参与者为应对不确定性而采取的灵活策略（图1-3-14）。长期合同比例相对下降，其中部分因价格高企或供应不稳而面临重新谈判，进一步提升了现货市场的活跃度。区域间贸易模式各异，亚洲及亚太地区作为LNG消费大户，长期净进口占比分别为68.9%和69.5%，而现货交易的净进口占比则相对较低，分别为28.2%和27.2%，显示出对灵活性的需求增加。欧洲则因俄罗斯管道气供应减少，不得不更多地依赖现货市场，来弥补供应缺口，现货交易约占净进口的48.4%，而长期合同仅占46.4%。拉丁美洲则根据南半球冬季需求，灵活调整采购策略，以现货交易为主，其占净进口的65.5%。这种变化不仅反映了市场参与者对风险管理的重视，也预示着未来LNG贸易将更加市场化、多元化。随着全球能源转型的深入和LNG市场的进一步发展，预计这种变化将持续，并对全球能源供应格局产生深远影响。

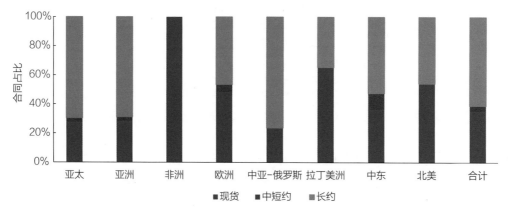

图1-3-14　2023年全球主要地区LNG采购合同情况
数据来源：国际煤气联盟

国际气价从高位大幅回落。2023年，全球经济复苏乏力、能源替代效应显现、气候条件以及地缘政治因素的变化所形成的宽松的供需基本面，促使天然气价格呈现震荡下行趋势（图1-3-15）。主要市场如美国、欧洲和亚洲均经历了明显的价格回调。美国亨利中心（HH）现货价格均价回落至2.54美元/百万英热单位，同比下跌60.5%；荷兰TTF现货年均价为12.9美元/百万英热单位，同比下跌65.8%；东北亚LNG现货到岸均价为13.86美元/百万英热单位，更接近其近十年的平均值

12.01美元/百万英热单位（数据来源：国际煤气联盟）。这些数据显示，国际气价已经回到乌克兰危机爆发前的水平。不同区域之间的价格差异和联动性值得关注。2023年，欧亚市场的联动性进一步增强，亚洲现货均价重新超过欧洲。这主要是由于欧洲需求疲弱、供应充足以及储气库库存高企，而亚洲市场则在经济复苏和能源需求增长的推动下，价格相对坚挺。尽管整体价格下行，但受供应链风险扰动影响，气价"宽幅高频"波动增加。特别是在欧洲市场，由于天气变化、替代能源利用增加以及地缘政治因素的不确定性，TTF现货价格一度出现快速上涨和卜跌的情况。

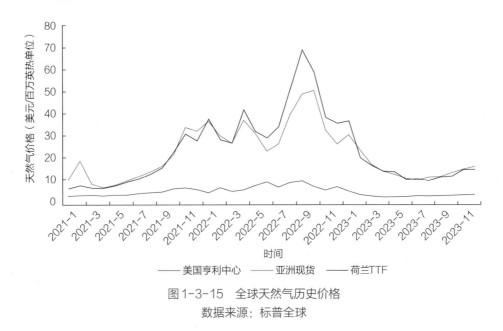

图 1-3-15　全球天然气历史价格
数据来源：标普全球

2024年国际天然气市场价格预计在波动中逐渐趋于稳定。 2024年，全球天然气市场供需将相对宽松，但供应侧波动风险依然存在。从区域来看，美国本土需求增速放缓，但LNG出口受新液化项目投产等因素影响，市场供需趋紧。欧洲市场需求难有显著提振，高库存将在一定程度上缓解供应侧担忧。亚洲市场需求将不断复苏，吸引LNG资源流入，并与欧洲市场紧密联动。总体来看，国际天然气价格在2024年呈现波动中趋稳态势，但具体价格水平将受到全球经济复苏状况、地缘政治因素、天气变化以及能源转型步伐等多种因素的影响。

2024年，LNG需求量呈持续缓慢增长态势。亚洲市场依然是LNG需求的主要增长点，在中国、印度及新兴市场的强劲需求带动下，亚洲LNG进口持续恢复增长。这一趋势不仅反映了亚洲地区对清洁能源的迫切需求，也体现了全球LNG贸易格局的深刻变化。虽然欧洲市场因能源转型和制造业转移等导致天然气需求下降，进而对 LNG 进口量产生了一定影响，但并未改变全球 LNG 市场总体向好的发展趋势。

2024 年，全球天然气市场在能源转型、经济回暖及政策调整等多重因素的共同作用下，呈现出更加复杂而多元的发展态势。各区域市场的差异化表现不仅为市场参与者提供了丰富的机遇，也带来了前所未有的挑战。未来，随着全球能源结构的持续优化和各国能源政策的不断调整，天然气市场有望在全球能源体系中发挥更加重要的作用。

第四章

全球天然气发展认识与启示

一、大国博弈及俄乌冲突长期化，推动全球逐步形成东西两大能源阵营

在中美博弈和地区冲突的影响下，全球能源格局按照地缘政治逻辑逐渐演化为东方、西方两个能源市场。美国不断扩大对西方能源市场的影响，提高对欧美环大西洋能源的话语权；能源生产大国俄罗斯因受西方国家制裁转而向东迎合亚太地区旺盛的油气需求，逐渐形成了俄罗斯－亚太能源市场。

二、地缘冲突强化了油气在能源结构中的基础地位，全球油气资源并购重新活跃

油气依然是全球未来的支柱能源，能源转型并没有动摇油气的战略地位。石油公司特别是北美石油公司十分看好未来的油气市场，2020年以来，国际大石油公司重新强化上游业务、夯实核心资产，油气资产并购升温，有望通过并购整合公司油气资源，形成规模效应，提高运营效率和公司竞争力。

三、全球碳达峰和碳中和逐步纳入法律制度框架

2015年的《巴黎协定》把21世纪全球平均气温较工业化前升高"控制在2℃以内"作为目标，奠定了全球气候治理的法律基础。COP26的最大成果是各国达成了对1.5℃温控目标必要性的共识，全球气候合作在艰难中取得重要进展。2023年的COP28第一次对"全球气候行动与目标"进行了盘点，形成了几项重要成果：一是就"转型脱离化石燃料"达成共识；二是明确损失与损害基金运行机制；三是就全球适应目标及其框架的具体目标达成一致。

四、全球可再生能源发展迅猛

COP28在全球联合应对气候变化方面取得了里程碑式的成就，全球以化石能源为主的能源消费结构正逐步向以光伏、风能、地热、氢能等新能源为主的能源结构转型，并最终以电力作为终端主要能源推动经济运转。

国际可再生能源机构2024年的资料显示，2023年全球可再生能源新增发电量实现了前所未有的增长，可再生能源在新增总装机容量中的份额屡创新高，2023年达到了创纪录的87%。

五、天然气将在能源转型中发挥重要作用

一是天然气是近中期能源转型过程中的理想能源，是以高碳化石能源为主体的能源结构向低碳/零碳能源为主体的能源结构转变的桥梁，可以为早期可再生能源的发展保驾护航，在能源转型过程中发挥重要作用。二是天然气可以促进不断增长的风能、太阳能的有效利用。间歇性是风能和太阳能发展的主要障碍之一，天然气资源丰富，相对清洁高效，运输方便，易于储存，供应灵活，价格可承受，这些特点使天然气可以弥补可再生能源间歇性输出的不足，为可再生能源的发展提供有力支持。

因此，石油公司十分看重天然气在能源转型中的重要性，把发展天然气业务作为能源转型的优先方向之一，致力于做大做强天然气业务链和价值链。许多国际石油公司天然气产量超过40%，壳牌、BP等公司天然气产量占比已提高至约50%，道达尔能源自2015年以来不断提升天然气产量占比，计划在2030年将天然气的生产和销售提高到50%，到2035年提高到60%。

六、全球油气上游投资持续回升，海域和非常规引领发展方向

自2022年以来，全球油气勘探开发投资持续恢复性回升，2023年超过5700亿美元，同比增长12%。随着海域多个大型油气田投建和美国页岩油气的持续开发，预计未来五年全球油气勘探开发投资呈稳定增长态势，预计2028年全球油气上游投资将超过7000亿美元（图1-4-1）。

全球陆上油气勘探开发投资增量主要来自北美，预计2028年北美陆上油气勘探投资将超过2400亿美元，主要集中于页岩油气领域，预计其页岩油气钻探费用占陆上钻探费用的93%以上（图1-4-2）。

近十年全球大型油气发现主要位于深水，未来五年深水油气开发将加速，全球各地区海域投资均呈增长态势，其中拉美、亚太和非洲投资增幅较大（图1-4-3）。

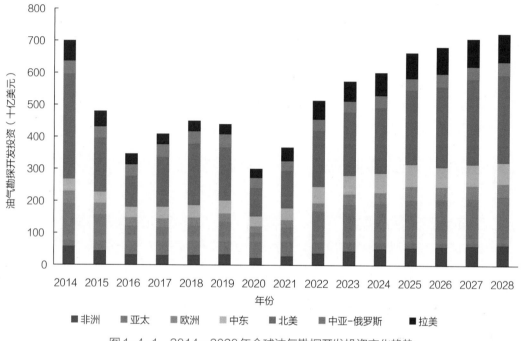

图 1-4-1 2014—2028年全球油气勘探开发投资变化趋势

数据来源：标普全球

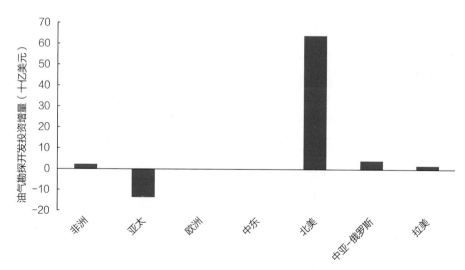

图 1-4-2 2023—2028年全球陆上油气勘探开发投资变化

数据来源：标普全球

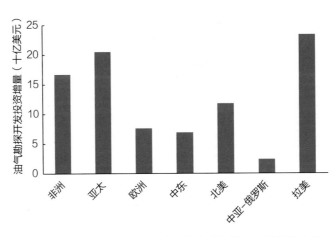

图1-4-3　2023—2028年全球海域油气勘探开发投资变化

数据来源：标普全球

七、供需基本面转向宽松，市场在复杂多变的环境中寻求平衡与发展

与2022年全球天然气需求下降、供需紧平衡态势持续的情况不同，2023年全球天然气市场经历了复杂而微妙的恢复与转向。虽然前期投资不足的影响仍在持续，但全年供需基本面逐步转向宽松。全球天然气需求小幅增加，增速趋缓。亚洲地区得益于宏观经济回升、LNG价格下降等，成为需求增长的主要动力。其中，中国市场尤为突出。相比之下，欧洲市场受经济停滞、制造业萎缩及清洁能源快速发展的影响，天然气消费量持续下降。北美市场则因暖冬、经济复苏缓慢及可再生能源利用增加，天然气消费增速显著放缓。全球LNG贸易量略有增长，但增幅减少。美国成为全球最大的LNG出口国，出口量大幅增长，主要驱动力来自亚洲需求的增长。欧洲LNG进口量由高位回落，而亚洲进口量显著增长，特别是中国和印度成为主要增长力量。

供需基本面宽松推动全球天然气价格震荡下行，美国、欧洲和亚洲三大市场均经历了明显的价格回调。现货交易份额有所提高，但长期购销协议签订量维持稳定，反映出市场参与者为应对不确定性而采取了灵活策略。随着全球经济回暖、能源结构持续优化及各国能源政策的积极调整，天然气需求预计将温和增长。亚洲市场将继续成为需求增长的主要动力，而欧洲市场则持续转型并减少对天然气的依赖。国际气价将长期处于波动中趋稳的状态，但受供应侧风险和多种因素的综合影响，短期仍存在不确定性，并对现货贸易份额产生影响。全球LNG贸易的交易模式将因为参与主体对灵活性需求的增加而更加多元化。

第二篇

2023年中国天然气发展形势

02

PART

第一章

天然气勘探形势

2023年，我国持续加大油气勘探力度，勘探投资再创历史新高，天然气新增探明地质储量超1.3万亿立方米，常规气、致密气、页岩气和煤层气多领域获得重大突破，形成"常非并进"格局，塔里木盆地、四川盆地、鄂尔多斯盆地和准噶尔盆地四大盆地和海域展现了广阔的资源前景和良好的勘探势头。

第一节　勘探现状

一、全国勘探区块招标进展与发展趋势

2023年，我国自然资源部委托海南、黑龙江、新疆、贵州、湖北等省、自治区，分5轮共挂牌出让18个区块，面积1.01万平方千米，总成交价6.10亿元，平均单价6.1万元/平方千米。

竞标企业门槛降低，央企、地方国企、民营资本多经济体同台竞争，导致大盆地优质矿权出让价格高、成交价格溢价率波动较大，整体平均溢价7.7倍，最高溢价85倍（准噶尔盆地柴窝铺区块），从平均溢价倍数来看，民企表现最为积极，平均溢价18.7倍，远高于央企的2.6倍；中国石化整体平均溢价3.2倍，其中沙井子2区块最高，约溢价15倍，体现了价值导向的竞标策略。所有出让区块中，民企竞

得6块，面积3130平方千米，总成交价4.68亿元；三大石油央企竞得12块，面积6957平方千米，总成交价1.42亿元，其中，中国石化竞得松辽盆地讷河–富裕、讷河–依安，塔里木盆地沙井子2区块，中扬子咸丰Ⅰ、Ⅱ、Ⅲ六个区块，面积3356.78平方千米，总成交价8578万元，平均单价2.6万元/平方千米。

从整体上看，随着自然资规〔2023〕6号文规定在矿业权交易中推广使用保函或保证金，确保矿业权交易顺利进行，部分实力较弱的民企逐步退出市场，石油央企在竞争性出让中占据一定优势，2023年总竞得面积占国家总出让面积的69%。但优质区块的竞争力度不减，准噶尔柴窝铺区块的溢价率超过80倍，由北京新和丰源矿业有限公司竞得，显现了资金实力雄厚的民企进军油气行业的信心和决心。

按照目前的政策规定，2025—2027年石油企业将迎来下一轮退减高峰，预计将再退减23万平方千米，且退减的矿权面积集中在塔里木、准噶尔、柴达木、松辽、渤海湾、四川、鄂尔多斯及东海八大富油气盆地。这意味着优质区块将逐步进入招拍挂市场，资金实力雄厚的民企将不遗余力地获取大盆地优质区块。届时，大盆地将呈现石油央企、民企和地方国企等多主体同时介入勘探开发的态势，矿权管理及油气资源合理有效的开发和利用将呈现新的局面。

二、勘探进展

油气勘探投资再创历史新高。2023年，中国油气勘探投资总额900亿元左右，同比增加9.5%（图2-1-1），油气勘探投资连续三年呈正增长。

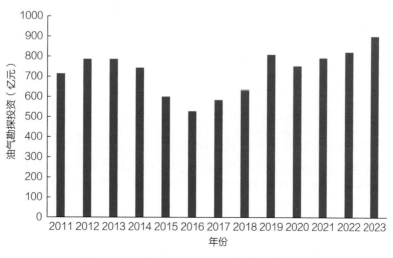

图2-1-1　2011—2023年中国油气勘探投资

新增天然气探明储量持续保持高位。 2023年，中国新增天然气探明地质储量13078亿立方米（图2-1-2），连续五年超过1.2万亿立方米规模。2023年新增常规气和致密气探明储量9898.9亿立方米，其中新增致密气层气探明地质储量大于200亿立方米的气田10个，新增储量占致密气层气的85%，主要分布在四川、鄂尔多斯和塔里木等西部盆地（图2-1-3）。新增煤层气探明储量3179.3亿立方米，其中新增煤层气探明地质储量的煤层气田3个，新增储量占煤层气的85.9%，分布在鄂尔多斯盆地和沁水盆地。

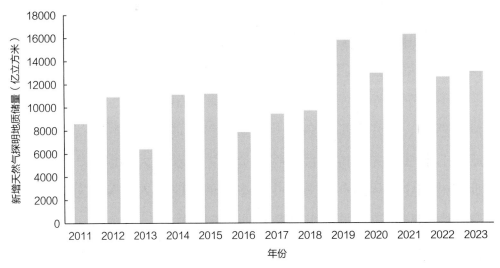

图2-1-2　2011—2023年中国新增天然气探明地质储量

数据来源：自然资源部

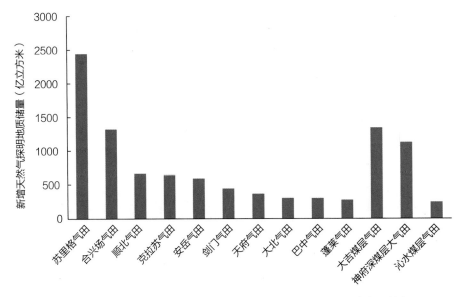

图2-1-3　2023年中国新增天然气探明地质储量大于200亿立方米的气田

数据来源：自然资源部

第二节　勘探形势

一、常规天然气

2023年，我国在塔里木盆地、四川盆地、鄂尔多斯盆地、准噶尔盆地和海域获得多项天然气勘探重大突破，常规天然气勘探取得骄人成绩。

1.塔里木盆地多区带、多层系、多类型气藏勘探获得新突破

顺北油气田8号断裂带油气勘探获重大商业发现。2023年，中国石化西北分公司针对顺北8号带，按不同部位、不同分段、评价深层、加密井控一体化部署6探5评5开发。完试16口井，15口井均高产油气流。其中，顺北84斜井油气柱高度达到1088米，常规测试初期14毫米油嘴，日产油496.4吨，日产气65.3万立方米，刷新顺北油气柱高度新纪录。顺北8号断裂带持续油气发现证实了"浅层充填，深部溶蚀"的储层发育模式，表明8号断裂带奥陶系碳酸盐岩整体含油气、油气柱高度大、深层油气资源丰富，坚定了向深层探索的信心。2023年探明顺北8号断裂带中北段69.8千米，新增天然气探明地质储量675.58亿立方米，凝析油2246.41万吨，建成7亿立方米、18万吨产能阵地。

顺北东部6号断裂新领域勘探获得重大突破。2023年，中国石化西北分公司积极探索主干二级断裂和次级断裂，研究认为主干二级断裂和次级断裂与大型主干一级断裂呈同期、伴生关系，具有相似的控储、控藏条件，是油气富集的有利区带。围绕6号主干二级断裂与4-1、6-1次级断裂带部署实施的5口井均试获高产。针对断裂间串珠实施顺深1斜井，测试日产油40.6吨、日产气131.2万立方米，折算日产油当量1086吨，实现了断裂间新类型高产突破。顺北6号断裂带等系列突破，实现了由主干一级向主干二级、次级断裂、断裂间的拓展，证实了顺北中部"整体富集、含油连片"，拓展了平面勘探空间，新增凝析油控制地质储量原油2772.04万吨、天然气571.29亿立方米，凝析油预测地质储量原油1753.69万吨、天然气928.06亿立方米，开拓了增储上产新阵地。

库车南斜坡寒武系油气勘探获重要突破。近年来，中国石油塔里木油田立足海

陆两大油气系统，建立了"海相内幕早期垂向聚集，陆相潜山晚期横向运聚"双源汇聚成藏模式，按照"内幕找海相，潜山找陆相"的勘探思路，瞄准下古生界白云岩领域部署钻探雄探1井、托探1井获得突破。雄探1井首次在塔里木盆地上寒武统白云岩发现海相油气，测试日产油249吨、日产气17.79万立方米，塔北西部海相油气自英买2向西拓展80千米，上交预测天然气地质储量568.51亿立方米，凝析油6531万吨，发现一个亿吨级整装凝析气藏。托探1井钻揭古近系盐下上寒武统白云岩潜山，测试日产油167吨、日产气3.87万立方米，开拓了库车南斜坡迎烃面勘探新领域。初步评价上寒武统加里东期不整合岩溶、印支－喜山期潜山油气资源当量超10亿吨，成为台盆区现实的油气战略接替领域。

塔西南石炭－二叠系、奥陶系勘探取得历史性突破。一是塔西南山前带石炭－二叠系碳酸盐岩实现突破。中国石油塔里木油田通过重新评价烃源、储盖组合、构造演化等油气地质条件，认为深层石炭－二叠系具有巨大勘探潜力，部署钻探恰探1井首次在塔西南山前带石炭－二叠系碳酸盐岩获工业气流，测试日产气5.9万立方米。随后加深18年前老井阿北1井（距恰探1井1200米，比目的层海拔低412米），常规测试获高产气流。恰探1井及阿北1井的成功，打破了该区23年勘探沉寂，上交预测天然气地质储量675.76亿立方米，评价有利区资源量7500亿立方米。二是麦盖提斜坡带奥陶系断控岩溶气藏勘探取得突破。借鉴富满油田断控岩溶的勘探思路，针对走滑断裂系与奥陶系串珠状反射部署钻探罗探1井获得发现，常规测试日产气4万立方米，实现了麦盖提斜坡带奥陶系断控岩溶气藏勘探突破。初步落实"断控＋"领域有利勘探面积9300平方千米，资源量石油2.5亿吨、天然气7500亿立方米。

2.四川盆地多层系海相碳酸盐岩获得突破

普光探区侏罗系大安寨段混积岩勘探获重要突破。普光地区侏罗系大安寨段介壳灰岩储层，前期按照"占高点、打裂缝"的勘探思路部署多口探井，普遍无法稳产，未取得实质性突破。2023年，中原分公司通过野外露头—岩心—薄片的系统分析，建立了普光大安寨段湖平面高频振荡下的混合沉积发育模式，创新提出了混积岩气藏富集新模式，攻关气层甜点段直井、水平井体积压裂工艺，部署实施普陆7井试获日产气3.75万立方米、普陆8井试获日产气8.20万立方米，初步评价资源量1371亿立方米，落实天然气控制地质储量528亿立方米，实现新类型勘探重要突破，发现了普光陆相规模增储建产重要新层系，对全盆地大安寨段勘探具有重要的借鉴意义。

二叠系、三叠系勘探取得重大新突破、新进展。一是下二叠统茅口组落实千亿方优质储量区。中国石油西南分公司研究认为，茅口组沉积期呈现出"两隆一缘"展布格局，台缘带成藏条件好，发育大型岩性、构造－岩性气藏群。2023年集中评价川中地区龙女寺、八角场－南充地区茅二段，实施19口井，完试17口，均获工业气流，平均测试日产气98.54万立方米，百万方气井9口，提交地质储量3184亿立方米。二是长兴－飞仙关组取得两项重大新突破。研究认为，晚二叠世大蓬溪－武胜浅水陆棚与川西海盆相通，周缘高带广泛发育礁体、滩体。针对开江－梁平海槽周缘白云岩部署钻探宣探1井成功，在飞仙关组测试日产气262万立方米，提交探明储量123亿立方米；针对大蓬溪－武胜浅水陆棚周缘生物礁滩部署钻探蓬深2井、蓬深10井，在长兴组获工业油气流，实现勘探新突破。蓬深2井测试日产气25.5万立方米，蓬深10井测试日产气206.36万立方米，并首次在浅水陆棚内发现高丰度、低含硫优质生物礁气藏。初步评价川中、川西、川东二叠系和川东三叠系天然气资源量1.97万亿立方米，锁定万亿增储新区带。

震旦系－下古生界勘探获得重大新突破。一是德阳－安岳裂陷槽西侧灯影组取得重大新突破。为寻找规模资源新区带，重新认识裂陷槽西侧，提出了灯影组台缘带具备"双源供烃、双重构造控藏"有利条件的新认识，评价认为，龙门山－大兴场构造带震旦系－二叠系成藏条件好，部署钻探大探1井灯影组测试获高产气流，发现了灯影组低硫富H_2S气藏，提交预测储量874.69亿立方米，评价川西南部灯影组有利区资源量8500亿立方米。二是盆地奥陶系宝塔组取得重要新发现。突破奥陶系宝塔组以龟裂纹灰岩为主、不发育孔隙型储层的传统认识，建立了古隆起围斜区宝塔组滩相白云岩成储新模式，具备发育大型构造－地层复合圈闭地质条件。部署钻探威寒1井宝塔组测试日产气9.02万立方米，发现浅层富H_2S气藏，开辟增储新层系，评价威远地区奥陶系有利区资源量2000亿立方米。

3. 准噶尔盆地南缘和中部获得重大突破

西部坳陷风城组发现源内万亿立方米天然气接续新领域。2023年，中国石油新疆油田研究发现准噶尔盆地西部坳陷风城组烃源为高熟油型气，热演化程度高，发育西部陡坡进积型扇三角洲和东部缓坡带退积型辫状河三角洲规模砂岩储层，南部风城组地层向隆起区逐层超覆沉积，发育大型地层圈闭。优选源内高成熟区、具有构造背景的莫索湾西环带，部署钻探湾探1井，7500米发育规模优质储层并见油气显示，测试日产气14万立方米、日产油37吨，实现了风城组天然气勘探的重大突破，形成了"北油南气"的新格局。初步落实盆1井西环带、沙湾凹陷和中拐凸起构造、地层、岩性圈闭资源量超万亿立方米。

南缘下组合喀拉扎组新层系获得突破。 中国石油新疆油田在准噶尔盆地南缘山前带白垩系突破后，一直致力于寻找下组合侏罗系规模储集层系。通过攻关地震采集处理技术，深化沉积研究，认为中东部喀拉扎组储层厚度170～480米、孔隙度2.1%～17%，是寻找规模新层系的首选。部署钻探呼101、呼102在喀拉扎组获高产油气流，其中呼101喀拉扎组解释气层95米，日产气23.4万立方米、日产油37.2吨，清水河组日产气39.2万立方米、日产油68.85吨；呼102喀拉扎组解释气层105米，日产气80万立方米、日产油107.2吨，初步落实圈闭面积4340平方千米，资源量1.8万亿立方米。

4.鄂尔多斯盆地奥陶系盐下和太原组灰岩获得重大突破

鄂尔多斯盆地太原组灰岩落实千亿立方米横山气田。 鄂尔多斯盆地上古生界太原组发育4套灰岩，分布面积6.2万平方千米，厚度5～30米，长期以来认为储层致密，试气产量低，勘探一直未取得突破。近年来，通过不断深化沉积储层研究，重新认识灰岩储集能力及成藏潜力。研究认为，太原组灰岩形成于陆表海潮坪环境，发育生屑滩、生物丘有利于沉积微相及晶间孔型和溶孔型两类储层，具有典型的"三明治"成藏特征。2021年，中国石油部署实施风险探井榆探1H，试获54.9万立方米/日（AOF）高产气流。榆探1H的突破改变了太原组灰岩储层不发育的传统认识，开辟了天然气增储上产新领域。2023年，勘探开发一体化加快落实，发现长庆第10个千亿立方米储量规模大气田——横山气田。2023年，横山气田新增控制储量2046亿立方米（经济可采715亿立方米），成为资源向储量快速转化的典范。

5.渤海中生界超深层潜山与南海深水实现新突破

渤海中生界超深层潜山渤中8-3南天然气勘探获得重大突破。 渤海湾盆地太古界、古生界均已获突破，但中生界储层复杂、非均质性强，早年经过多轮探索，始终未获得规模性油气发现。2023年，中国海油通过转变思路，积极创新地质认识，主动从早期凸起区、斜坡区转向近源凹陷区，优选渤中8-3南作为渤海中生界火山岩勘探突破口，钻探获重大突破，在5000米超深层成功探获125米气层，测试日产天然气16.7万立方米、凝析油84立方米，实现了渤中凹陷中生界深层潜山天然气勘探重大发现，打开了渤海中生界深层潜山勘探新局面。

南海琼东南盆地超深水超浅层天然气勘探获得重大突破。 2023年，中国海油通过进一步解放思想，创新建立超深水超浅层天然气规模成藏模式，研发关键技术，形成超浅层优快作业评价体系，引领勘探科学高效部署，部署钻探6口井全部获得成功，均为高饱和度纯烃气层，有望获得大型气田发现，展现了南海琼东南盆地超深水超浅层广阔的勘探前景。

二、致密气

1. 四川盆地侏罗系和三叠系致密气获得重大突破

川北陆相致密油气勘探获得重大突破。 一是川北侏罗系河道砂岩勘探获得重大突破。2023年，中石化勘探分公司通过精细刻画侏罗系三角洲前缘水下分流河道砂岩，按照"立足烃源选区、贴近烃源选层、微相优储选点"的思路，优选凉高山组二段上亚段中下部砂岩层段部署钻探巴中1HF井，测试日产油126吨、日产气5.77万立方米高产油气流，在四川盆地侏罗系河道砂岩领域试获超百立方米稳定油流，实现了川北侏罗系河道砂岩勘探重大突破，新增预测地质储量气721.12万立方米、凝析油825.87万吨，开辟了凝析油气增储新阵地。二是元坝地区须四段深层孔隙型致密砂岩气取得重大进展。通过持续深化深层孔隙型致密砂岩气富集规律认识和地球物理预测技术攻关，部署实施产能攻关井元陆2HF井，在须四段试获日产气22.06万立方米、无阻流量50.39万立方米。元陆2HF井高产实现了元坝之上找元坝的重大突破，有望进一步推动该区深层孔隙型致密砂岩气藏3160亿立方米控制储量升级动用，支撑川北须家河组致密砂岩气快速增储上产。

川西侏罗系新区带天然气勘探获得重大突破。 针对川西龙门山前侏罗系"储层非均质性强、地震预测难度大、直井压裂效果差"等难题，中石化西南分公司通过持续开展地质、地震和工程一体化攻关研究工作，明确了河道纵向多层叠置、横向连片分布的特征，在整体致密背景下，精细刻画了河道砂体的空间展布与优质储层分布，部署实施的金佛101H（水平）井在下沙溪庙组JS31砂组试获天然气日产量15.07万立方米，取得了龙门山前带侏罗系天然气勘探重要突破，落实天然气资源量1095亿立方米，新增天然气控制储量123亿立方米。

2.塔里木盆地库车坳陷白垩系深层新层系获得重大突破

库车白垩系深层新层系获得重大突破。2023年，中国石油塔里木油田按照近源勘探思路，研究认为库车坳陷克拉苏构造带具有侏罗系－三叠系供烃、白垩系亚格列木组裂缝型砂砾岩成储、上覆白垩系舒善河组泥岩成盖的生储盖组合，建立了"下生上储、垂向输导、立体成藏"的新模式。部署钻探克探1井在白垩系亚格列木组获高产，测试日产气21.26万立方米，发现一个全新的勘探层系。克探1井成功证实了克拉苏构造带白垩系巴什基奇克组之下仍具备优越的储盖组合，实现了"克拉之下找克拉"的构想。甩开预探中秋－迪那构造带，东秋7井亚格列木组再获发现，并首次在侏罗系恰克马克组获工业气流。初步评价亚格列木组天然气资源量15025亿立方米，成为现实的万亿立方米天然气接替阵地。

3.鄂尔多斯盆地致密气获得重大突破

富县区块二叠系勘探获得重大突破。富县位于鄂尔多斯盆地南北物源汇聚区，前期认识发育三角洲前缘－浅湖相沉积，砂体厚度薄、物性差。2023年，中国石化华北油气分公司通过转变沉积认识，发现富县上古生界发育辫状河体系，具备发育多套气层、立体成藏的地质条件。牛武地区实施新富1201井盒1获得2.3万立方米工业气流，勘探开发一体化部署XF15-P1井盒1试获日产气14.7万立方米高产突破，XF16-X1井盒1、太2、太1、本溪四层分压合试获4.2万立方米工业气流。羊泉地区任403X井二叠系盒1、太2、本溪组多层钻遇气层，气测显示良好，展现出二叠系立体成藏特征，落实圈闭资源量1150亿立方米，提交山2气藏预测储量626.7亿立方米，发现了一千亿立方米资源新阵地。

三、页岩气

2023年，我国页岩气持续纵深发展，积极探索新区新层系。四川内江资201井在寒武系筇竹寺组地层获高产工业气流，开辟寒武系超深层页岩气万亿级规模增储的新阵地。普光二叠系大隆组海相深层页岩气部署实施的雷页1HF井，完钻井深5880米，率先在四川盆地实现二叠系深层页岩气勘探重大突破，评价落实资源量1727亿立方米。红星二叠系茅四段、吴二段千亿立方米规模增储阵地进一步落实，培育形成"两层楼"勘探新场面。

一是四川盆地寒武系超深层页岩气勘探获得重大战略性突破。 在四川内江组织实施的页岩气井——资201井，克服井深超6600米、地层温度高、地应力复杂等施工困难，优质高效完成该井。在井口压力稳定在47.80兆帕的条件下，测试获稳定日产气73.88万立方米，计算无阻流量164.89万立方米，这是国内首次在寒武系4500米以上的页岩储层测试获高产工业气流。资201井获高产的页岩层系储层厚度大、品质优、保存条件好，落实建产有利区面积超3000平方千米，页岩气资源量近2万亿立方米。资201井获高产商业气流，标志着四川盆地寒武系页岩气即将进入规模效益开发新阶段，是继二叠系吴家坪组取得重大勘探发现之后，四川盆地获得的又一重大战略性突破。本次寒武系页岩气勘探战略性突破，开辟了四川盆地页岩气规模增储上产新的阵地，标志着我国页岩气勘探开发由志留系一枝独秀，到二叠系、寒武系百花齐放，进一步夯实了实现中国页岩革命的资源基础，提振了发展信心，对推动川渝地区国家天然气（页岩气）千亿立方米级产能基地建设，拉动区域经济社会发展，保障我国能源安全具有战略意义。

二是四川盆地普光二叠系大隆组海相深层页岩气勘探获得重大突破。 积极践行页岩气勘探"走出志留系"的战略构想，针对普光地区二叠系大隆组部署实施的风险探井雷页1井，压裂试获日产气42.6万立方米，该井埋深超4000米，是我国首次在二叠系大隆组地层实现海相深层页岩气勘探突破，进一步拓宽了四川盆地页岩气勘探领域。雷页1井针对二叠系新层系深层页岩埋深大、"岩性＋构造"双复杂，导致井轨迹控制难度大、压裂成缝机制认识不清的问题，开展了大量实验和数模研究，优化工艺参数，形成了复杂构造区深层页岩气水平井轨迹控制技术，实现了在优质页岩分布非均质性强、构造复杂情况下，水平段钻长1315米，优质页岩钻遇率

100%。同时，探索形成了二叠系新层系深层页岩气层配套压裂工艺技术。目前初步落实资源量1727亿立方米，有望拓展一个普光气田稳产支撑的新领域。

三是鄂西－渝东红星地区二叠系页岩气勘探获得重大突破。聚焦深水陆棚相页岩地质研究，加大新层新类型页岩气勘探技术攻关，红页茅1HF、红页茅2HF井茅四段压裂分别试获日产气6.4万立方米、6万立方米，率先在茅口组页岩气实现重大突破，评价资源量超5000亿立方米。红页7HF、红页3-2井在吴二段压裂试获日产气均超20万立方米，突破了4500米以上商业产能关，目前红星地区已有6口井稳定试采达商业开发标准，培育形成了川东二叠系吴二段、茅四段"两层楼"的勘探新场面。

四、煤层气

2023年，鄂尔多斯盆地突破煤层气勘探开发地质理论"深度禁区"实现跨越式发展，在大宁－吉县、神府、大牛地等区块均获重要进展，成为我国非常规天然气重要突破点。一是大宁－吉县地区深层煤层气先导试验年产量超10亿立方米，部署实施的风险探井纳林1H、佳煤2H井均获高产，2023年提交探明储量1349.92亿立方米，落实了国内首个深层煤层气万亿立方米大气区。二是神府地区探明千亿立方米深层煤层气田。通过创新深煤层成藏机理认识、储层改造和差异化排采工艺，鄂尔多斯盆地东缘发现神府深层煤层气田，探明地质储量1134.31亿立方米，展示盆地东缘深部煤层气藏勘探开发广阔前景。三是大牛地煤层气田落实千亿立方米资源潜力。部署实施的深层煤层气阳煤1HF井压裂试获日产10.4万立方米，实现2800米深层煤层气重大突破，新增预测储量1226亿立方米，进一步证实了大牛地气田富集高产规律和深层煤层气资源潜力。

第二章

天然气开发形势

　　中国油气企业以保障国家能源安全为己任，持续加大油气勘探开发力度。2023年，油气勘探开发投资达到3900亿元，天然气产量大幅增长，2023年天然气产量2353亿立方米，同比增长6.9%，增量123亿立方米，连续7年增产超过100亿立方米，其中常规气产量1364亿立方米，致密气产量超过600亿立方米，页岩气产量250亿立方米，煤层气产量超过110亿立方米，煤制气29亿立方米。

第一节　天然气开发现状

一、开发现状

　　截至2023年底，全国累计发现油气田1126个，其中气田305个，累计探明天然气地质储量21.04万亿立方米，累计动用天然气地质储量12.61万亿立方米，储量动用率59.9%。当年新增探明天然气地质储量1.31万亿立方米，新增技术可采储量5720亿立方米，新增经济可采储量4397亿立方米。天然气产量持续增长，2023年产量达到2353亿立方米（图2-2-1），比2022年增长6.9%。

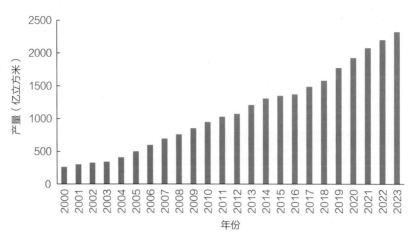

图2-2-1　2000—2023年我国天然气产量变化趋势图

二、不同类型天然气开发现状

截至2023年底，全国常规气（含致密气）累计探明地质储量16.98万亿立方米，累计动用地质储量10.19万亿立方米，储量动用率60.0%。2023年，我国新增常规气＋致密气探明地质储量8745亿立方米，新增技术可采储量4014亿立方米，新增经济可采储量3075亿立方米；新增溶解气探明地质储量1154亿立方米，新增技术可采储量184亿立方米，新增经济可采储量125亿立方米。2023年，我国常规天然气产量1964亿立方米，其中，致密气产量超过600亿立方米（图2-2-2）。

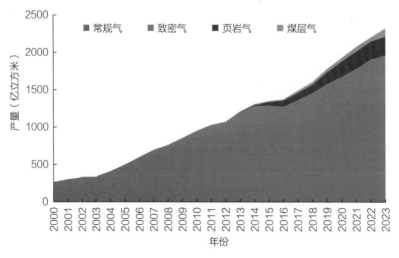

图2-2-2　2000—2023年中国不同类型天然气产量构成图

截至2023年底，全国页岩气累计探明地质储量2.96万亿立方米，累计动用地质储量2.11万亿立方米，储量动用率71.3%。2023年无新增页岩气探明地质储量。

2023年页岩气产量250亿立方米。

截至2023年底，全国煤层气累计探明地质储量10998亿立方米，累计动用地质储量3114亿立方米，储量动用率28.3%。2023年新增煤层气探明地质储量3179亿立方米，新增技术可采储量1522亿立方米，新增经济可采储量1197亿立方米。2023年煤层气产量超过110亿立方米。

三、主要盆地天然气开发现状

中国天然气资源主要分布在中西部地区和海域，其中，四川盆地、鄂尔多斯盆地、塔里木盆地和海域2023年天然气产量占全国总产量的66.5%。

四川盆地以常规气、页岩气和致密气开发为主，2023年生产天然气689亿立方米，约占全国天然气产量的29.3%。常规气方面，安岳气田持续推进滚动勘探开发，大型碳酸盐岩气田保持150亿立方米稳产；普光气田、元坝气田持续加强剩余气精细描述、实施立体调整挖潜，控水防硫，分类治理和优化配产，保持100亿立方米的生产规模；川西气田建成投产，产能规模20亿立方米，处于逐步达产阶段。页岩气方面，建成长宁、威远、泸州、渝西和昭通等页岩气田，涪陵页岩气田立体开发提高采收率技术持续提升，焦石坝区块形成"中北区三层立体开发、南区中上部气层联合开发"模式，有利区采收率最高可达44.6%，积极探索寒武系筇竹寺组、二叠系深层页岩气等新区新层系，页岩气产量达到250亿立方米。致密气方面，川西合兴场深层须家河组产量快速突破10亿立方米，川西中浅层气藏20亿立方米产量已经稳产19年；四川盆地作为中国天然气工业的"摇篮"，随着常规气、致密气和页岩气等多种类型天然气实现跨越式发展，天然气千亿立方米生产基地建设稳步推进。

鄂尔多斯盆地以致密气、煤层气开发为主，2023年生产天然气513亿立方米，约占全国天然气产量的21.8%。鄂尔多斯盆地是中国最大的致密气生产基地，正在打造低渗致密砂岩气藏原创技术策源地和科技创新高地，其中苏里格气田是中国国内最大的陆上整装致密气田，2023年产量突破314亿立方米，此外，靖边气田、神木气田、榆林气田、大牛地气田、东胜气田也是主力产区。深层煤层气成为我国非常规天然气重要突破点。大宁－吉县地区深层煤层气先导试验年产量超过10亿立方米。神府地区探明千亿立方米深层煤层气田。通过创新深层煤层成藏机理认识、储层改造和差异化排采工艺，发现神府深层煤层气田。大牛地气田部署实施的深层煤层气阳煤 1HF 井压裂试获日产气 10.4 万立方米，实现 2800 米深层煤层气重大突破。

塔里木盆地以常规气开发为主。2023 年生产天然气 362 亿立方米，约占全国天然气产量的 15.4%。其中，博孜－大北超深层大气田加快产建节奏，突破清洁完井、高压长距离混输等关键工程技术瓶颈，天然气百亿立方米上产踏点运行；克深气田"控—调—排"协同治水保稳产；库车地区超深层天然气产量达 180 亿立方米；顺北油气田锚定富油气区集中部署，全年产量 22 亿立方米。

海域以常规气开发为主，2023 年生产天然气 254 亿立方米，约占全国天然气产量的 6.7%。其中，渤海首个大型整装千亿立方米渤中 19-6 凝析气田一期开发项目顺利投产，由我国自主设计、建造、安装及生产运营，海上深层潜山油气藏开发进入新阶段。

四、主要石油公司天然气开发现状

2023 年，中国天然气产量为 2353 亿立方米，其中，中国石油为 1529 亿立方米，中国石化为 378.1 亿立方米，中国海油为 237 亿立方米，延长石油为 80.2 亿立方米（图 2-2-3），分别占全国的 65.0%、16.1%、10.1% 和 3.4%。

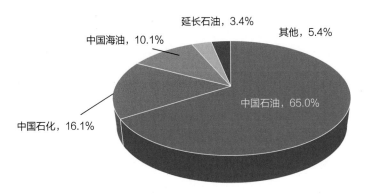

图 2-2-3　2023 年中国主要石油公司天然气产量构成图

1. 中国石油

坚持"创新""资源""市场""国际化""绿色低碳"五大战略，为天然气业务加快发展注入新动能，天然气产量连续 6 年超过千亿立方米规模，已占据国内油气产量的"半壁江山"。2023年生产天然气1529亿立方米，占全国天然气总产量的65.0%，增产74亿立方米，同比增长5.1%，产量增长主体来自长庆、西南和塔里木三大气区，三大气区共生产天然气1204亿立方米，占中国石油天然气产量的78.7%。其中，长庆油田积极开展靖边、榆林等主力气田滚动挖潜，天然气产量超过458亿立方米，连续11年保持国内第一大产气区地位；西南油气田全力推进川南深层页岩气、川中致密气规模建设，加强安岳气田稳产上产，2023年生产天然气420亿立方米，同比增长9.6%。塔里木油田持续加大库车地区建产力度，天然气产量超过326亿立方米。此外，青海油田天然气产量超过40亿立方米，大庆油田生产天然气58亿立方米，新疆油田生产天然气38.4亿立方米，吉林油田生产天然气10.8亿立方米。

2. 中国石化

按照"做大常规气，稳步推进页岩气"的总体部署，中国石化推进天然气持续规模效益上产，天然气业务成为上游稳定的效益增长点。2023年，生产天然气378.1亿立方米，同比增加25.4亿立方米，创五年来最大增幅。**常规气方面**，川西气田加快地面配套建设、整体投产，持续开展中江气田滚动扩边和新场气田调整挖潜，须家河组气藏开展新场须二气藏产能建设，拓展评价大邑、马路背、元坝须家河组气藏，川西地区天然气产量超过40亿立方米；元坝气田持续精准调整、加强老井精细管理，普光气田加快实施整体调整方案，加强零散未动用储量评价建产，精准控水控硫，实现气田安全平稳生产，2023年川东北地区天然气产量超过100亿立方米；华北大牛地气田加大立体开发调整力度，东胜气田加快锦30井区滚动建产、加强锦58井区井网完善，加强老井精细管理，实现50亿立方米稳产。**页岩气方面**，强化立体开发和关键技术攻关，2023年产量99.8亿立方米，再创新高。涪陵页岩气田持续推进立体开发调整，形成"焦石坝区块北部三层立体开发、南部中上部联合开发"和"江东平桥加密＋中上部联合开发"的分类调整新模式。区块整体采收率由12.6%上升至23.3%，两层立体开发有利区采收率为39.2%，达到国际领先水平。威荣以提产、增效为核心，稳步推进二期产建。东胜区块地质工程经济一体化评价，建立复杂构造带开发分类标准，通过学习曲线持续优化工程工艺，实现提产降本，建成首个常压页岩气田。**煤层气方面**，2023年持续开展"新井滚动调整、老井精细管理，措施有效治理"，探索深层煤层气有效支撑压裂技术获新突破，实现了延川南气田连续5年稳产。

3.中国海油

中国海油聚焦主业、绿色低碳、创新驱动、成本领先战略，在天然气方面，按照"稳定渤海、加快南海、推进非常规"的发展思路，加快提升国内天然气产量占比。2023年，天然气储量和产量均保持强劲增长势头，在海上，渤海首个千亿立方米大气田——渤中19-6凝析气田I期开发项目成功投产；在陆上，已建成三大非常规天然气产业基地，产量5年增长约3倍。南海、渤海和陆上三个万亿立方米大气区建设不断加快。2023年天然气产量237亿立方米。

4.延长石油

延长石油瞄准建设150亿立方米大气田战略布局，加快天然气产能项目建设，2023年新建产能18.9亿立方米，累计建成产能100亿立方米，形成以成藏机理、地面配套为创新驱动的致密气藏高效开发技术体系，创造了低品位天然气资源开发的"延长模式"，打成了一批高产井。2023年天然气产量80.2亿立方米，较2022年增加4.5亿立方米。

第二节　开发形势

全国油气勘探开发投资创历史新高。 2023年，国内油气企业加大勘探开发力度，投资约3900亿元，同比增长5.4%，其中开发投资3000亿元左右，增长超过140亿元。

天然气产量大幅增长，非常规天然气成为重要增长极。 2023年，我国加大勘探开发力度，攻关突破勘探开发关键技术，天然气产量2353亿立方米，较2022年增加123亿立方米，连续7年增产超百亿立方米。非常规天然气产量突破960亿立方米，占天然气总产量的43%，成为天然气增储上产的重要增长极，其中，致密气产量超过600亿立方米，页岩气产量250亿立方米，煤层气产量超过110亿立方米。

新增储量品质变差，规模效益开发面临挑战。 近年，中国新增储量中，低渗、致密、高含硫碳酸盐岩等天然气储量占比70%以上，优质储量比例偏低，经济采收率呈下降趋势。中国页岩气多为陆相或者海陆交互相地层，地势多分布于山地、丘陵，地质构造相对复杂，开采技术难度较大，实现规模效益上产难度较大。在不考虑政策补贴条件下，页岩气和煤层气开发处于亏损状态，政策补贴后也仅为边际开发效益。在目前气价定价机制下，致密气需要持续补贴才能实现规模效益开发。

主力气田陆续进入开发中后期，持续稳产难度增加。 根据天然气开发的特点，国内大部分气田的稳产都需要不断投入新建产能来弥补不足。苏里格气田综合递减率平均为20%左右，如果保持300亿立方米稳产，每年需弥补产能递减60亿立方米。涩北气田为典型的疏松砂岩气田，开发挑战主要为出水和压力下降，目前近40%的层组产量递减率大于10%，整体综合递减率近五年为8%左右，长期稳产面临挑战。长庆气区2018年底气区日产量小于0.5万立方米的低产低效井有近9000口，占总井数的55%左右，并呈逐年增加趋势，开发管理难度大，制约开发效益。普光气田已稳产14年，超方案设计6年，目前已有59%的气井井口压力低于管输压力、39%的气井受水侵影响、65%的气井受硫沉积影响，持续稳产难度增加。涪陵页岩气田自2013年投入开发，气井投产初期主要采用定产降压开采模式，具有2年左右稳产期，进入产量递减期后初期递减率高达50%~80%，气田稳产需要大量的调整井和新区新井产量作为补充。

天然气开发展望。 2024年，我国油气行业将持续深入贯彻落实党的二十大关于"深入推进能源革命""加大油气资源勘探开发和增储上产力度"的决策部署，以及国家能源局加快油气勘探开发与新能源融合发展行动方案，进一步加大勘探开发力度，在深层超深层、深水和非常规等增储上产的战略接替领域持续发力，预计2024年全国天然气产量保持较快增长，新增产量有望持续超100亿立方米。我国将引领未来深地油气产业发展，在深层超深层油气勘探开发理论与重大工程技术装备方面取得进步，推动深层超深层油气成为增储上产重要领域。油气行业将探索与新能源融合发展，形成油气上游领域与新能源新产业多能互补的发展新格局，在稳油增气、提升油气资源供给能力的基础上，加快推进绿色低碳转型。

第三章

天然气市场与基础设施

2023年，我国天然气消费在多重因素支撑下重回增长轨道，四大用气结构全面增长，但结构间呈现较大差异；供应侧进口管道气延续增势，LNG规模同比由降转升，在国际气价大幅回落影响下，对外依存度出现回升；储气设施顶峰能力再上新台阶，经营品种明显增加。

第一节　天然气消费与供给

一、天然气消费

得益于2022年低基数、2023年国内宏观经济形势总体回升向好、国际天然气价格明显回落三重因素的共同作用，2023年中国天然气消费量再次进入增长轨道。根据国家发展和改革委员会（以下简称"国家发展改革委"）发布的数据，2023年全国天然气表观消费量为3945亿立方米，同比增长7.6%。考虑库存增减变化后，全国终端实际消费天然气规模为3919亿立方米，较2022年增加270亿立方米，增幅为7.4%（图2-3-1）。

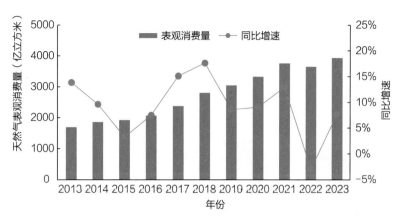

图2-3-1　2013—2023年全国天然气表观消费量及同比增速
数据来源：国家统计局

1.天然气消费规模止跌回升，但复苏比重大于增长

分季度来看，2023年一季度在宏观经济复苏推动下，天然气消费规模止跌回升，天然气消费量1065亿立方米，同比增长2.6%；二季度、三季度受国际气价回落和去年低基数影响，增速显著加快，消费规模分别为859亿立方米和892亿立方米，同比增速扩大10%以上；四季度受厄尔尼诺现象气候偏暖、宏观经济再次放缓和基数抬高影响，消费量1103亿立方米，增速回落至8.6%（图2-3-2）。

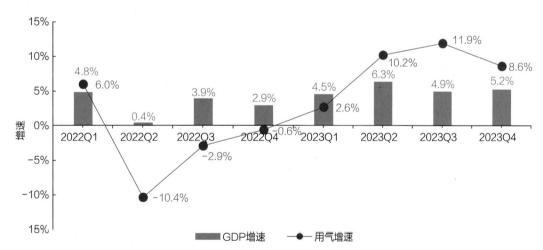

图2-3-2　2022—2023年各季度GDP增速和用气增速
数据来源：国家发展改革委、国家统计局

2023年天然气市场虽然明显回暖，但这一增速是建立在上一年历史性下降的基础之上。如排除2022年基数影响，2021—2023年年均复合增长率为2.8%，明显低于2019—2023年的复合增长率（6.5%），这表明当前需求增长仍以疫情之后的"复苏"为主。

2.四大用气结构全面增长，城燃成为最大增量来源

2023年，四大用气结构均实现了同比增长，但不同结构之间增速存在较大差异（图2-3-3）。

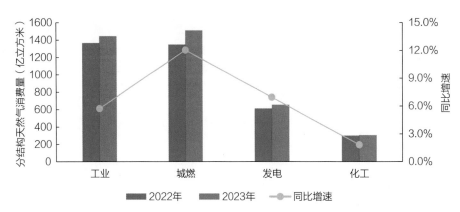

图2-3-3　2022年和2023年分结构天然气消费量及同比增速
数据来源：中国电力企业联合会、中国天然气信息终端

城市燃气：在工服、交通支撑下快速增长。城市燃气包括居民生活用气、工商服务业用气、燃气采暖用气和车船交通用气四类。今年以来，工商服务业用气伴随着疫情防控措施优化后餐饮业和服务业消费的快速增长出现了明显回暖；国际气价大幅回落使得LNG重卡经济性凸显，出现了近年来少有的爆发式增长，2023年LNG重卡年销量15.2万辆，约为2022年销量的4倍，推动车船交通用气快速增长；12月全国性寒潮助推了燃气采暖需求。全年城燃用气规模1505亿立方米，同比增长11.5%；占总消费量的38.3%，比去年增加1.2个百分点。

工业燃料：行业活跃程度不足影响用气增长。工业燃料用气规模与宏观经济走势密切相关。2023年全国规模以上工业增加值同比增长4.6%，进出口总额与去年持平，均低于同期社会消费品零售总额7.2%的增速。受此影响，全年工业燃料规模1447亿立方米，同比增长5.7%；在总消费量中占比36.9%，比2022年下降0.8个百分点。

发电用气：电力供需格局下增速前高后低。发电用气主要供应燃气电厂和天然气分布式能源项目，由于气电相对于煤电、可再生电的经济性处于劣势，其用气量主要由电力供需情况决定。截至2023年底，我国燃气机组装机规模已达1.29亿千瓦，同比增长9.1%。发电用气量上下半年差异明显，上半年国内降水持续偏少，水电发电量下降22.9%，电力供需缺口扩大带动气电需求增长，上半年同比增速达到

12.8%；下半年随着水电出力改善，气电需求快速回落，用气量与去年同期持平。全年发电用气量658亿立方米，同比增长7.0%；在总消费量中占比16.9%，比2022年增长0.3个百分点。

化工原料：行业复苏和农事需求驱动小幅增长。化工用气通常作为调峰用户，用气规模与天然气紧张程度成反比。2023年，国内天然气供需格局宽松，气头化肥、化纤企业开工率提升，春耕夏收等农事活动也带动化肥需求增长。初步统计全年化工用气规模309亿立方米，同比增长1.8%，在总消费量中占比7.9%，比2022年下降0.5个百分点。

3.季节性波动略有下降，日消费量峰值高度更加突出

根据各月份实际天然气消费量测算结果，2023年全国天然气季节调峰量规模为212亿立方米，在当年天然气消费总量中的占比为5.4%，较2022年下降29亿立方米和1.2个百分点。产生这一差异的原因有以下两个：一是2023年1月天然气消费量受宏观经济下行和新冠疫情叠加的影响同比出现下滑，降低了供暖季天然气消费规模；二是同年二季度、三季度天然气消费量同比增长较快，拉高了月均消费水平。

从中国天然气月不均匀系数（当月消费量/月均消费量）对比曲线（图2-3-4）上可以更加直观地观察到上述现象。2022年1月、12月以及2023年12月的中国天然气月不均匀系数均保持在1.3以上，而2023年1月却仅为1.16，显著低于供暖季正常水平。2023年二季度、三季度的天然气月不均匀系数整体保持在2022年之上，平均值为0.9，略高于0.88的同期（2022年）水平。从全年峰谷比（高月消费量/低月消费量）来看，2023年为1.57、2022年为1.60，表明前者的全年月度波动有所收窄。

受国内可再生能源装机容量快速增长和极端气候出现更加频繁两方面因素的影响，2023年中国天然气消费量在季节调峰规模小幅度回落的同时，日峰值高度更加突出。年初受新冠疫情影响，天然气需求量相对低迷，日峰值低于上一个供暖季；但年底在多轮寒潮的冲击下，天然气需求量日峰值出现快速增长。特别是2023年12月14—17日期间的历史同期最强寒潮全面覆盖了中国中东部重点市场，京津冀和长江三角洲地区气温较常年同期平均降低超过4℃，珠江三角洲地区较常年同期降低2~4℃。寒潮冲击之下，该时段的全国天然气日消费量直线攀升，峰值达到15.7

亿立方米，较2022—2023年供暖季日峰值高出18.9%，增幅明显超出全年及当月消费量增幅。

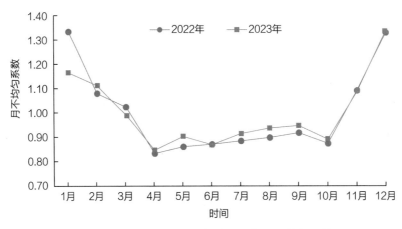

图2-3-4　2022—2023年全国用气月不均匀系数

数据来源：国家发展改革委、国家统计局

4.储气设施顶峰能力再上新台阶，经营品种明显增加

综合多家咨询机构的数据，截至2023年底，中国地下储气库工作气量为231亿立方米，同比增长11.1%；LNG接收站总接收能力为1.28亿吨/年，同比增长21.7%。在储气设施顶峰能力方面，仅中国石油下属地下储气库日采气量峰值即达到1.94亿立方米，同比增加3800万立方米，达到设计日采气能力的88%，相当于中国石油采暖季日均天然气销售量的22%。在储气能力快速增长的同时，储气设施现有的"夏储冬销"经营模式逐渐暴露出盈利模式单一、抗风险能力差的问题，经营企业也在积极探索新的市场化交易品种。

地下储气库方面，国家管网公司2023年"动作"频频。已延续多年的文23储气库年度线上库容交易升级为3年以上的中长期储气库服务，国家管网金坛储气库也首次开展了线上库容交易；除传统库容产品外，国家管网还利用管输优势开展了"储运通""枢纽点存气"等"储气＋管输"的组合项目。

LNG接收站方面，保税、加注和再出口业务成为年度亮点。2023年，国家管网深圳大鹏LNG、大连LNG保税罐先后获得海关批复，中国海油宁波LNG保税罐扩容，这标志着中国进口LNG保税罐规模进一步扩大，并首次延伸到北方地区。2023年，中国海油在宁波LNG接收站首次开展保税LNG离岸转口贸易，深圳LNG接收站实现保税LNG海上加注。LNG接收站的经营范围在保税罐加持下进一步拓展，为未来LNG接收站经营转型做了有益的探索。

5.各省消费增长分化，资源供应成本成为主导因素

2023年，全国30个省、自治区、直辖市天然气消费量均保持增长，1个省（区、市）出现下滑。受国际油气价格回落的影响，以进口气为主要气源的华南、华东、华中和东北地区的天然气消费规模均同比回落，其中东北地区增幅达19.0%，是全国消费规模增长最明显的区域市场；以国产气为主的西北、西南保持平稳增长态势，增幅分别为6.3%和6.9%，落后于东北、华北、华南、华东和华中五大区域市场；得益于国内较为宽松的供需格局，国产气和进口气占比接近的华北地区同比增速高达13.0%，排名仅次于增速最快的东北地区。

2023年，消费量超过100亿立方米的省份共有15个，其中江苏、广东和四川超过300亿立方米，山东、北京和新疆超过200亿立方米，浙江、陕西、河北、重庆、河南、天津、上海、山西和辽宁九省市超过100亿立方米（图2-3-5）。

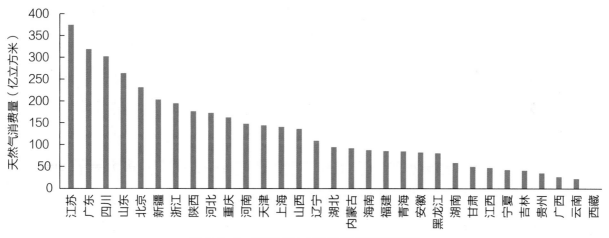

图2-3-5　2023年中国各省份天然气消费量
数据来源：国家、各省市发展改革委和统计局

二、天然气供应格局

1.资源供应规模由降转增，对外依存度略降

2023年，我国天然气供应规模为3946亿立方米，同比增长7.1%。供应规模在经历2022年的短暂下滑后重回增长趋势（图2-3-6）。

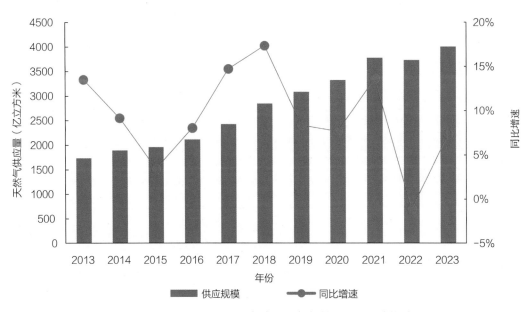

图2-3-6　2013—2023年中国天然气供应量及同比增速

数据来源：国家统计局

2023年，进口天然气在我国供应规模中占比39.9%，较2022年下降1.0个百分点，为近5年最低水平。天然气对外依存度持续回落，原因主要是国内天然气产量在"七年行动计划"支撑下快速增长。

2.俄气增供带动进口管道气稳步增长

2023年，我国陆上管道气进口规模680亿立方米，同比增长8.2%（图2-3-7）。在中俄东线按合同增供推动下，各月管道气进口同比保持稳定较快增长。年初中亚管道多次发生短供、断供现象，1～2月管道气进口总量同比回落4%～7%，但仍较2022年同期水平增幅22%～25%。年内，我国和中亚国家元首多次互访推动能源合作，加之俄罗斯打通对中亚国家天然气出口通道，缓解了中亚国家天然气本国消费和出口矛盾，进口管道气的供应平稳性得到明显改善。

中国进口管道气气源国包括土库曼斯坦、乌兹别克斯坦、哈萨克斯坦、缅甸和俄罗斯5国。2023年管道气增量主要来自俄罗斯，减量主要在于土库曼斯坦（图2-3-8）。其中，自俄罗斯进口管道气新增86亿立方米，为进口管道气总增量的2.17倍，同比增长50%；自土库曼斯坦进口管道气减少36亿立方米，同比下降10%。

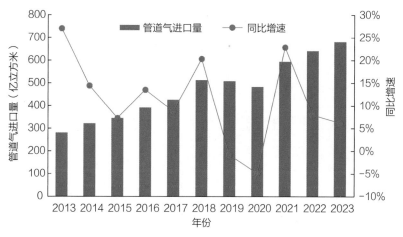

图 2-3-7　2013—2023 中国管道气进口量和同比增速

数据来源：中国海关

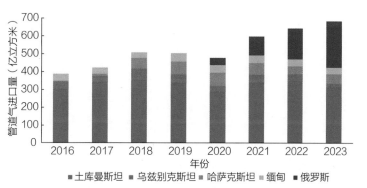

■ 土库曼斯坦　■ 乌兹别克斯坦　■ 哈萨克斯坦　■ 缅甸　■ 俄罗斯

图 2-3-8　2016—2023 年不同资源国管道气进口量

数据来源：中国海关

在国际地缘政治事件及油气价格回落的综合影响下，2023 年进口管道气价呈"前高后低"的走势，各月均价同比浮动 -19%～40%。全年管道气进口均价 7.71 美元/百万英热单位，较 2022 年略涨 2%。其中，8～12 月管道气进口均价降至 7.17 美元/百万英热单位，较 1～5 月均价下跌 14%（图 2-3-9）。

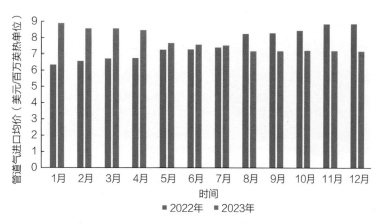

■ 2022年　■ 2023年

图 2-3-9　2022 年和 2023 年中国管道气进口均价

数据来源：中国海关

3. LNG进口规模止跌回升，长约签订量维持高位

2023年，中国LNG进口量998亿立方米，同比由降转增，增幅12%。自2022年中国LNG进口规模经历16年来的首次下滑后，2023年恢复增长（图2-3-10），重新成为全球最大LNG进口国。

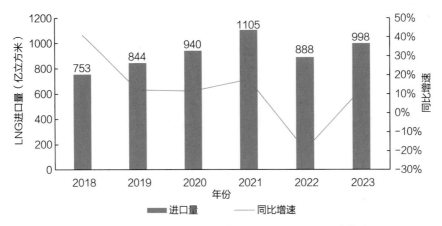

图2-3-10 2018—2023年中国LNG进口量和同比增速
数据来源：中国海关

2023年，中国LNG进口来源国共计23个（图2-3-11），较2022年增加了4个。前三大进口国为澳大利亚（2470万吨）、卡塔尔（1666万吨）和俄罗斯（728万吨），三大来源国LNG进口量占LNG进口总量的68%。俄罗斯取代马来西亚成为中国LNG进口第三大来源国。

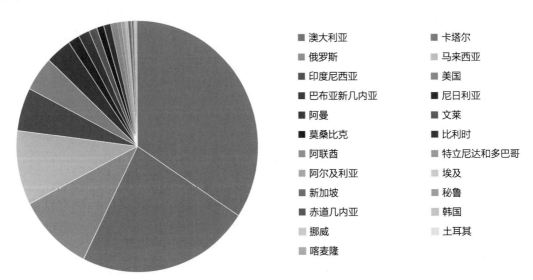

图2-3-11 2023年中国LNG进口来源
数据来源：标普全球

　　2023年，中国LNG长约进口规模4688万吨（图2-3-12），在LNG进口总量中占比65%，同比下降4个百分点。2023年，在欧洲推进能源结构转换、天然气消费压减政策、主消费地天气适宜等诸多因素影响下，国际LNG现货价格较2022年大幅回落。受此大形势影响，我国天然气供应商从加强进口LNG资源稳定性出发，延续了2022年LNG中长约的签约水平。根据IHS统计，2023年中国买家共签订14份购气协议，数量与2022年大体持平，而项目来源地则较2022年更趋于多元化，多数将于2026年以后陆续开始履约，其中有8份为15年以上的中长期合约，6份为城燃公司和地方能源企业签订的合约。新协议LNG供应量合计1660万吨，占全球2023年新签协议总量的18.8%。FOB（离岸交付）合同占比42.9%，较2022年的53.8%有所回落，但仍高于2021年的34.8%。

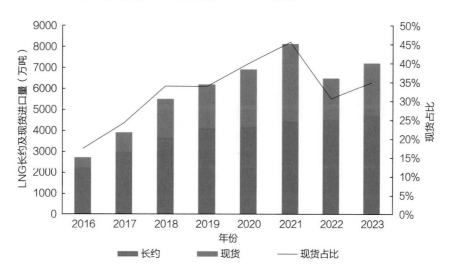

图2-3-12　2016—2023年中国LNG长约及现货进口量和现货占比
数据来源：标普全球

三、天然气价格

1. LNG进口价格回落

　　2023年，中国LNG进口价格回落。上海石油天然气交易中心发布的中国LNG综合进口到岸价格指数自年初的全年最高点一路波动下行，最高点202点较2022年下跌35.0%；于6月中旬达到全年低点后转向波动上扬（图2-3-13），最低点122点较年初最高点下跌39.6%，较2022年涨幅12.9%。

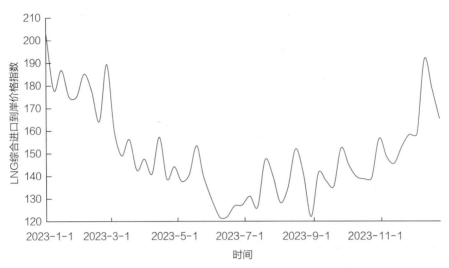

图2-3-13 2023年中国LNG综合进口到岸价格指数
数据来源：上海石油天然气交易中心

价格淡旺季特征有所恢复，峰谷比收窄。2023年全年平均价格指数151点，同比下跌38点；淡季指数139点，相当于全年均价的92.0%，同比2022年下滑26.5个百分点；旺季指数168点，相当于全年均价的111.7%，同比2022年下滑10.3个百分点。价格峰谷比为1.664，同比下降1.2。

2.国产LNG价格整体平稳而略显下滑

上海石油天然气交易中心发布的中国LNG出厂价格全国指数显示，2023年全年中国LNG出厂价格指数逆转了2022年"淡季不淡、旺季不旺"的特征，呈现出较为明显的"U"形走势。在供应充足的背景下，整体价格水平相对平稳而略显下滑，全年均价4991元/吨，同比下跌27.8%，价差收窄13%。2023年春节过后，资源流通加速、工厂陆续复产复工，工业用气需求增加，1月底，国内LNG价格达到除年初（7280元/吨）外的年度最高点（6745元/吨）；3月至二季度，气温回升，需求疲软导致价格连续走跌；6月，高温天气叠加、局部液厂检修和储气库补库，价格小幅提振；7~8月，台风暴雨影响部分接收站装车、接船，加之多地安检加码，市场供大于求，价格跌至年度最低点（3783元/吨）；9月，中俄管道检修、四季度降温进一步提振需求，推动价格上涨（图2-3-14）。

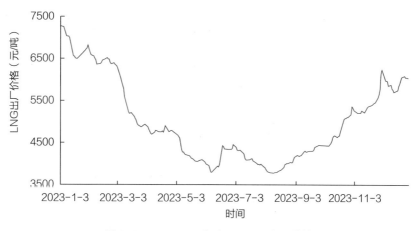

图2-3-14　2023年中国LNG出厂价格
数据来源：上海石油天然气交易中心

3.川渝天然气现货价格年内波幅收窄

2023年，川渝天然气现货价格水平有所回落，整体呈小幅波动。全年均价2.32元/立方米，同比下跌5.3%，月度价差同比收窄31.6%。全年价格呈现明显淡旺季特点，年初达到全年高位2.68元/立方米，同比增长23.0%，环比增长1.8%，同比增幅达年内最高；之后价格一路下行，至8月达到年内最低点（2.07元/立方米），同比下跌13.4%；四季度价格回涨，年底收于2.61元/立方米（图2-3-15）。

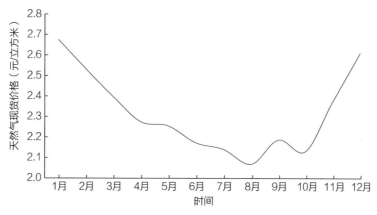

图2-3-15　2023年川渝天然气现货价格
数据来源：重庆石油天然气交易中心

预计2024年国内天然气市场供需延续宽松格局。2024年，天然气需求较大概率延续平稳增长，供应增速或将快于需求。但宏观层面可能出现外贸复苏和节能环保要求趋严两大积极因素，国际气价进一步下行和中游改革红利释放也将降低用气成本，叠加气象部门预计持续到2024年5月的厄尔尼诺现象、夏季后或进入拉尼娜状态，在高温热浪和局部干旱/洪涝风险增加的情况下，2024年需求量也存在快速增长的可能。

第二节　天然气基础设施建设进展

一、天然气管网

初步统计，截至2023年底，我国建成投产的天然气管道长度达到了12.6万千米，干线管网总输气能力超过4200亿立方米/年，其中以国家管网为主，其所属管道总里程数约为4.8万千米。主要是有以中俄东线、西气东输系统、陕京线系统、川气东送和榆济线管道为主的长输基干管道和以冀宁线、中贵线、淮武线等为主的联络管道组成；中国石油、中国石化和中国海油管道在将长输管道资产划拨给国家管网以后，剩余管道资产以支线及上岸管线为主。目前，我国天然气管网已初步形成了"西气东输、海气登陆、就近供应、北气南下"供气格局，全国天然气管道一张网已初步形成。

1.省内天然气管道覆盖延伸范围更广

2023年新建成或投产的省内天然气管道有宁海－象山天然气管道、黔南州云雾－福泉支线天然气管道、广西LNG配套外输管道、攀枝花－米易供气管道、青岛市胶州湾海底天然气管线等。

7月28日，浙江省天然气宁海－象山天然气管道工程正式投产并网运行，结束了宁波市象山县不通管道天然气的历史，将惠及该县近20万户居民。宁海－象山天然气管道工程起于甬台温天然气管道宁海县西店镇江瑶阀室，止于象山县西周镇象山站，管道全长约30.5千米，设计压力6.3兆帕，管径406.4毫米，设计年输气量1.34亿立方米，管道沿途经过宁海县5个乡镇街道及象山县1个乡镇街道，共新建桥头胡和大佳何2座阀室、1座象山站，扩建江瑶阀室。

9月26日，经过4个压力台阶升压并经过72小时试运行，黔南州天然气"县县通"云雾－福泉支线天然气管道投产一次成功。黔南州天然气县县通工程共规划了6条支线。此次投产的云雾－福泉天然气支线管道工程是贵州省"十三五"油气产业发展规划的重要项目。

9月29日，广西LNG配套外输管道桂林支线进气调试圆满成功。该支线起自广西LNG配套外输管道柳州站，终点为桂林站，管道途经广西壮族自治区柳州市和桂林市共2市6县，桂林站与潜江－韶关输气管道广西支干线相连，是国家"南气北上"通道的重要组成部分。

11月20日，攀枝花市至凉山州米易县"攀米线"供气管道工程顺利完成通气投产，标志着米易县正式进入管道天然气时代。管道线路总长48.8千米。该管道正式投运后，供气区域将覆盖攀枝花市金沙江北岸区域。

11月28日，我国涉海距离最长的城市燃气管线——青岛市胶州湾海底天然气管线正式通气运行。该天然气管线总长72千米，大沽河定向钻从河面下27米穿越，水平长度2482米，刷新了国内直径1016毫米城市燃气管线水平定向钻穿越长度纪录。

12月6日，随着杭州市天然气利用工程成环成网最后一段"S7、S8所前门站至江东门站全线35千米管线建设"全线投运，杭州市绕城高压燃气通道形成闭环，"多点接气，环状供气"格局全面实现。此次成环的高压管网中施工难度最大的是2015年12月开建的S6工程（下沙门站－江东门站），全长9.5千米。

2. 国家管网公司互联互通工程、油企储气设施和外输管道建设加快推进

4月19日，双台子储气库双向输气管道工程成功投产，辽河油田储气库群新增了一条重要外输通道。双台子储气库双向输气管道工程将辽河油田储气库群与中俄东线天然气管道相连接，起点为辽宁盘锦联络站，终点为双台子储气库群集注站，全长50千米，设计压力达10兆帕。

5月14日，中俄东线唐山联络压气站改造任务完成，在中俄东线唐山联络压气站内设置2套计量设施，实现中俄东线天然气管道与永唐秦天然气管道互联互通，且具备计量功能。

6月29日，我国首条直通雄安新区的天然气主干管道——蒙西管道项目一期工程（天津－河北定兴）成功投产。来自天津液化天然气接收站的天然气将通过该管

道输送至华北地区，为雄安新区建设提供可靠的天然气能源保障。本次投产的蒙西管道一期工程总长413.5千米，起自天津LNG临港分输站，终至河北保定定兴分输站，设计年输气量66亿立方米。

9月5日，国家石油天然气基础设施重点工程——国家管网湖北潜江至广东韶关输气管道工程湖南衡阳至广西桂林段投产，我国"南气北上"新通道年输气能力提升25亿立方米。新投产的管道起自湖南衡阳分输站，止于广西桂林输气站，线路全长447千米，途经两省（区）三市，设计年输气量25亿立方米。

9月15日，国家管网集团川气东送二线天然气管道工程正式开工建设。川气东送二线全线按照川渝鄂段、鄂豫赣皖浙闽段分期核准建设，全长4269千米，包括1条干线、多条支干线，途经四川、重庆、湖北、河南、江西、安徽、浙江、福建八省市，与川气东送一线、西气东输管道系统、苏皖管道联通，串接起西南气区、沿海LNG资源和中东部市场，在我国内陆腹地构筑起又一条东西走向的能源大动脉。9月15日开始建设的是川渝鄂段，由1条干线及12条支干线组成，设计年输气量达200亿立方米，全长1576千米，途经四川、重庆、湖北3省。

10月7日，中国石化山东管网东干线天然气管道工程实现全线贯通。山东管网东干线项目全长524.5千米，七区段线路全长52.8千米，管径Φ1016毫米。该项目建成后将直接连通青岛LNG、龙口LNG，并与山东管网南干线、国家管网济青二线等实现互联互通，将成为全省输送能力最强的管道，可有效满足沿海LNG资源外输需求，提高山东省天然气保供能力。

10月23日，西气东输中开线与平泰线互联互通工程建成投产。中开线与平泰线互联互通工程，是我国中东部地区天然气基础设施互联互通的重要组成部分。项目于2022年5月开工建设，北起中开线开封末站，南至平泰线杞县分输站，全长25.4千米，设计压力10兆帕，设计年输气量30亿立方米。项目建成投产后，将实现西气东输一线、平泰线及中开线之间相互转供，进一步形成榆济线、中开线、平泰线之间的互联互通。该项目也是实现西气东输管道系统和我国中东部地区最大的天然气储气库——文23储气库联通的重要通道。该工程可将西气东输管道气引入文23储气库，为文23储气库提供更多通道及气源选择。

10月26日，国家石油天然气基础设施重点项目——古浪到河口天然气联络管道工程正式投产，工程对进一步完善西北地区多通道供气网络，提高甘青地区的天然气供应保障能力具有重要意义。古浪－河口天然气联络管道工程的起点位于甘肃省武威市西气东输二线、三线上的古浪压气站，终点位于兰州市兰银线及涩宁兰双线上的河口压气站，线路全长188.4千米，设计压力10兆帕，设计年输气量50亿立方米。

11月8日，西气东输一线酒泉压气站天然气分输支线投产运行，这是河西走廊第11条天然气分输支线，为高台县输送天然气。至此，酒泉、嘉峪关、张掖、金昌和武威5个地级市都用上了西气东输主管道的天然气，河西地区全面进入天然气时代。河西走廊五市供气支线工程是西气东输二线的配套工程，管线全长约105千米，覆盖5个地级市及下属8个区、县、镇。

11月10日，国家管网集团天津LNG外输管道一次投产成功，实现与中俄东线、陕京管道、蒙西管道等多条天然气主干管道联通，为天津LNG接收站增加了一条重要外输通道。天津LNG外输管道是国家管网集团天津LNG接收站二期的重要组成部分，设计年输气量300亿立方米，可将天津LNG接收站通过16.94千米的管道接入主干管网，对优化区域能源结构和改善大气环境具有重要意义。

11月14日，国家管网中贵线（宁夏中卫－贵州贵阳）广元输气站新增下载项目正式投产。中贵线下载连接管线起点为兰成渝输油分公司广元输气站，终点为四川省燃气集团广元公司五爱阀室，用于接收国家管网中贵线和中国石油川西北气矿广元末站气源。项目建成投产试运行期间预计每天下载天然气5000立方米，正式投产后每年可分输天然气2000万立方米以上。项目的建成投产，实现了中国石油、中国石化"双气源"在广元就近下载，使广元供区能用上市内、国内中国石油、中国石化气源以及中亚、缅甸等国外气源，真正实现多气源保障。

11月30日，中国石化中原储气库群东部气源管道工程顺利投产。该管道全长23.9千米，包括一条干线、两条联络线，东接山东管网南干线，西连文23、文96储气库，是山东沿海LNG资源输送至中原储气库群的重要通道。

11月30日，中国石化集气总站至轮南天然气管道工程正式投产进气，该管道位于新疆巴州轮台县轮南镇，地处塔克拉玛干沙漠腹地，全长22.5千米，管径800毫米，设计压力10兆帕，设计年输气量55亿立方米，首日输气量150万立方米。

12月22日，大庆油田天然气分公司双合首站俄气阀组一次性投产成功并平稳运行。这标志着大庆油田庆哈管道与中俄东线正式连通，为"气化龙江"战略部署增添重要砝码。大庆－哈尔滨天然气输送支线（大庆－双合段）是中俄东线天然气管道工程"一干四支"支线之一。该支线始于中俄东线大庆分输站，止于庆哈双合首站。

二、LNG接收站

截至2023年底，我国建成的LNG接收站共28座（含转运站），接收能力为12700万吨/年，同比增长15.2%（表2-3-1）。已建成LNG储罐110个，总罐容1727万立方米，最大可储存103.6亿立方米天然气。

表2-3-1 我国已投产LNG接收站（截至2023年底）

运营方	省份	接收站名称	实际能力（万吨/年）	投产时间
国家管网	天津	天津LNG浮式接收站	600	2013年12月
国家管网	广东	粤东揭阳LNG接收站	200	2017年4月
国家管网	广西	防城港LNG接收站	60	2019年1月
国家管网	海南	洋浦LNG接收站	300	2014年8月
国家管网	辽宁	大连LNG接收站	600	2011年10月
国家管网	广西	北海LNG接收站	300	2016年4月
国家管网	广东	迭福LNG接收站	400	2018年8月
中国海油	上海	洋山LNG接收站	600	2009年11月
中国海油	浙江	宁波LNG接收站	600	2012年9月
中国海油	福建	莆田LNG接收站	630	2009年2月
中国海油	广东	大鹏LNG接收站	680	2006年9月
中国海油	广东	珠海LNG接收站	350	2013年10月
中国石油	河北	唐山LNG接收站	1000	2013年12月
中国石油	江苏	如东LNG接收站	1100	2011年11月
中国石油	海南	深南LNG储备库	20	2014年11月
中国石化	天津	天津LNG接收站	1080	2018年2月
中国石化	山东	青岛LNG接收站	1100	2014年12月
九丰	广东	东莞LNG接收站	150	2012年6月

续表

运营方	省份	接收站名称	实际能力（万吨/年）	投产时间
申能	上海	五号沟 LNG 接收站	150	2008 年 11 月
广汇	江苏	启东 LNG 接收站	500	2017 年 6 月
新奥	浙江	舟山 LNG 接收站	500	2018 年 8 月
深燃	深圳	华安 LNG 接收站	80	2019 年 8 月
嘉燃 / 杭燃	浙江	嘉兴平湖 LNG 接收站	100	2022 年 7 月
中国海油	江苏	滨海 LNG 接收站	300	2022 年 9 月
新天	河北	新天 LNG 接收站	500	2023 年 6 月
广州燃气	广州	广州 LNG 应急调峰气源站	100	2023 年 8 月
浙能	浙江	温州 LNG 接收站	300	2023 年 8 月
北燃	天津	北燃南港 LNG 接收站	500	2023 年 9 月
合计			12800	—

1. 温州 LNG、北燃南港 LNG 接收站等项目陆续投产，接收规模进一步扩大

2023 年 8 月 7 日，浙南地区首座 LNG 码头温州港正式运营。首艘 YARI LNG（雅锐）轮船舶总吨为 103885 吨，装载 68047 吨（折合 15.4 万立方米）液化天然气从印度尼西亚抵达浙能温州 LNG 接收站项目配套 15 万吨级码头。该码头是浙江第四座、浙南首座液化天然气码头，可靠泊接卸世界最大 26.6 万立方米液化天然气船，泊位设计通过能力 634 万吨/年。

8 月 8 日，广州 LNG 应急调峰气源站迎来首船 LNG。项目由储气库及配套码头两个部分组成，项目一期已建成 2 座 16 万立方米容量 LNG 储罐以及改建一座可靠泊 3 万~17.5 万立方米 LNG 船舶的接卸 LNG 专用码头。首艘 LNG 船成功到港接卸，为广州 LNG 应急调峰气源站项目全面投产奠定了基础。

9 月 27 日，随着首艘 LNG 船在天津南港北京燃气 LNG 码头顺利靠泊并完成接卸，天津北京燃气南港液化天然气应急储备项目接收站、一期储罐、天然气外输管线等建设项目相继进入调试和试运行阶段，标志着该项目一期工程投产成功。

11 月 2 日，中国首座 27 万立方米液化天然气储罐在中国石化青岛 LNG 接收站正式投用，这是目前全球容量最大的天然气储罐。该储罐的储气能力达 1.65 亿立方米，约可满足 216 万户家庭供暖季五个月的用气需求。该储罐直径达 100.6 米，高 55 米，属超大型LNG储罐，也是中国石化青岛LNG接收站三期储罐工程的主体项目。

12月30日，福建漳州液化天然气（LNG）接收站项目码头工程竣工验收。漳州LNG码头工程新建了1个8万~26.6万立方米的LNG船装卸泊位（兼靠3万~8万立方米LNG转运船），设计年通过量640万吨，配套建设了2个工作船泊位以及防波堤、航道、锚地、导助航设施等。

2. 烟台西港LNG、浙能六横LNG、华润LNG等正在建设

2023年3月31日，烟台西港LNG工程项目T220罐20万立方米低温储罐成功完成气顶升。储罐直径86.4米，重达721吨。该项目是山东省新旧动能转换重大工程之一，建成后将极大地提升山东境内天然气供应和储备能力。

4月16日，由中建电力承建的国内首个集LNG接卸储存、气液外输装船转运等多业务、多功能于一体的协鑫汇东江苏如东LNG接收站项目T-2101、T-2201号储罐承台顺利浇筑完成，这标志着项目正式由基础施工迈进主体施工阶段。

5月14日，香港LNG项目成功实现首船卸料和管线通气，进入试运行阶段。作为世界上最大的海上液化天然气接收站，项目建成后将大幅提高香港清洁能源发电比例。

6月21日，华润燃气江苏如东LNG接收站项目开工。该项目规划建设1座最大可靠泊26.6万立方米LNG船的接收站码头、6座20万立方米LNG储罐及相关配套设施，设计年接卸量650万吨。预计2026年首期建成投产，达产后年供气量可达90亿立方米。

9月21日，国家天然气基础设施互联互通重点工程——江苏华电赣榆LNG接收站项目码头工程护岸完成了最后一车石料抛填，顺利实现合龙。该项目计划建设1座21.7万立方米LNG卸船码头、3座22万立方米LNG储罐及配套设施，配套建设25千米外输管道，在青宁输气管道柘汗分输清管站接入国家干线管网，纳入"全国一张网"运营调度，整体工程预计2027年建成投产。

9月26日，浙能舟山六横液化天然气接收站工程开工建设。项目一期预计于2026年投产，达产后年供气能力达84亿立方米，可在冬季用气高峰时期保障超2.8亿户家庭1个月的用气量。项目一期规划建设一座15万吨级LNG船舶专用码头，4座22万立方米储罐及相应工艺设施。

10月8日，江苏嘉盛LNG调峰储配站工程项目开工。该项目位于江苏省江阴市，项目工程将建设2台10万立方米LNG预应力混凝土全容储罐，以及配套工艺装置，实现LNG年外输量100万吨。

11月2日，中国石化天津LNG接收站二期工程正式完工，三座22万立方米储罐投用，将新增储气量超过4亿立方米。至此，中国石化天津LNG接收站储气能力达10.8亿立方米，居全国首位。

三、地下储气库

随着天然气产业的快速发展，我国天然气地下储气库新建、扩建工程进度加快。截至2023年底，地下储气库设计工作气量总计达271亿立方米，有效工作气量约231亿立方米。

6月15日，西南油气田公司老翁场储气库DTY-4500压缩机成功加载运行，日注天然气瞬量达80万立方米，标志着老翁场储气库先导试验地面工程顺利投运。

8月1日，西南油气田公司黄草峡储气库集注站、草储1井、草储6井、草30井注气投运，天然气产量达到282万立方米。经过24小时测试，新安装8兆瓦低压离心压缩机测试合格，标志着黄草峡储气库集注站注气系统全面建成投运。

截至10月31日，张兴储气库先导试验工程ZXK19井组累计注气545万立方米，标志着国内盐穴储气库一注一排连通井原创技术工程化应用取得突破，利用连通老腔改建储气库成为现实。

11月8日，西南油气田公司蜀南气矿牟家坪、老翁场储气库群日注气量达到130万立方米。至此，全国首个复杂缝洞型碳酸盐岩储气库群先导试验工程全面投运，标志着我国复杂缝洞型碳酸盐岩储气库关键核心技术取得重大突破。牟家坪、老翁场储气库群位于四川省宜宾市长宁县境内，全面建成后最大日采气量将超过5000万立方米。

12月20日，吐哈油田温吉桑储气库群温西一储气库正式开井采气。温吉桑储气库群位于新疆维吾尔自治区鄯善县，由温西一、温八西山窑、丘东、温八三间房4个枯竭气藏改建而成，是我国西部地区第一个低孔低渗低产强非均质性复杂气藏型储气库群，也是西气东输管道重要的配套保障工程。

第三节　国内市场交易态势

一、交易市场动向

2023年，交易中心在价格指数开发、能源基础设施建设、数字人民币结算等方面开拓创新，推动天然气市场化改革。同时加强对外合作，与能源企业、金融机构等多方携手，不断提升国际影响力。

1.上海石油天然气交易中心

上海石油天然气交易中心交易量再创新高，稳居亚太第一位。 2023年，双边交易成交量达到1214.46亿立方米，同比增长30.8%（图2-3-16）。在国家油气体制改革政策的指导下，该交易中心自运营以来不断完善交易制度，创新交易模式，丰富交易品种，不断推动市场化交易，助力能源行业高质量发展。

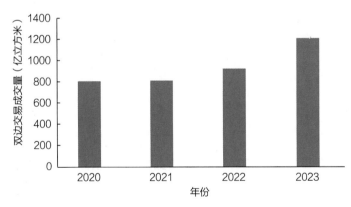

图2-3-16　2020—2023年上海石油天然气交易中心双边交易成交量

2023年，上海石油天然气交易中心在油气贸易人民币结算领域再提速，完成多笔人民币结算的现货油气贸易。3月28日，中国海油与道达尔能源通过交易中心平台完成我国首单LNG跨境人民币结算交易。4月14日，中国石油与阿布扎比国家石油公司通过交易中心平台完成我国与海合会国家首单LNG跨境人民币结算交易。8月22日，中国海油与兰亭能源通过交易中心平台完成人民币结算国际LNG销售业务。10月17日，中国海油与ENGIE通过交易中心国际LNG交易平台达成人民币结算的国际LNG交易。10月27日，中国石油国际事业有限公司依托交易中心平台完成首单国际原油跨境数字人民币结算，并入选2023年国际金融十大新闻，这是数字人民币在油气贸易领域跨境结算的首次突破，是交易中心探索人民币跨境结算服务的有益尝试。

交易中心交易模式不断创新。2023年4月，中国海油江苏分公司通过交易中心开展了江苏区域LNG年度合同挂牌交易。国家管网联合交易中心先后于6月12日、7月14日、9月27日开展了三次储运通服务产品（青山储气点）竞价交易。6月20日，陕西液化天然气投资发展有限公司2023年非冬供期LNG储罐空间代储业务通过交易中心顺利成交，这是国内首例LNG储罐空间代储服务。7月13～14日，中国石油天然气销售公司开展2023年迎峰度夏燃气顶峰发电保供专场交易。

2. 重庆石油天然气交易中心

重庆石油天然气交易中心不断创新交易模式，推动市场化交易。重庆石油天然气交易中心于2018年4月26日上线交易，拥有交易会员近3000家。2020年，重庆石油天然气交易中心与中国建设银行合作开展的融资产品"E易通"正式上线，用于满足重庆交易中心会员企业的交易保证金融资需求。7月，中国石化西南油气分公司在重庆石油天然气交易中心完成威页11-1HF井试采期6个月内的试采页岩气线上竞拍交易，这是国内首次通过油气交易平台完成试采气线上交易。9月，重庆交易中心首次开展采暖季天然气中远期竞拍交易，首次将现货中远期交易应用于管道天然气。2021年4月，重庆交易中心开展了首批管道天然气中远期仓单二次转让交易，这是我国天然气仓单首次在用户之间实现线上交易。5月，重庆石油天然气交易中心与昆仑银行合作推出的国内首款天然气产业链线上融资产品——"气易贷"成功实现首笔业务落地。12月，重庆石油天然气交易中心开展国内首次天然气发电用气专场交易。2022年1月，中国石化江汉油田首次通过重庆石油天然气交易中心开展试采气交易。

第四章

市场主体经营动向

2023年，三大石油公司加速推进增储上产和低碳转型，积极推进上游勘探和终端销售业务。城燃企业主营业务量效齐增，经营业绩稳中有升。在内部市场趋于饱和的背景下，开展增值业务、搭建多元体系成为城燃企业的战略选择。

第一节　石油公司

一、中国石油

中国石油国内天然气勘探成果丰硕，产量持续较快增长。中国石油在鄂尔多斯、塔里木、四川、渤海湾等重点盆地取得一批重大突破和重要发现，顺利实施深地塔科1井、川科1井两口万米科探井；强化老气田稳产和新区效益建产，天然气产量持续较快增长，在油气当量中的比例持续提升。2023年，中国石油国内天然气产量为1529亿立方米，同比增长5%。

中国石油天然气销量持续稳定增长。2023年，中国石油持续优化进口气资源池，合理安排天然气进口节奏，有效控制进口气成本；持续优化资源配置，加大高端高效市场和终端市场开发力度；采取积极的市场营销策略，努力提升营销质量和效益。2023年，中国石油销售天然气2735亿立方米，同比增长5.1%。其中国内销售天然气2299亿立方米，同比增长5.6%（图2-4-1）。

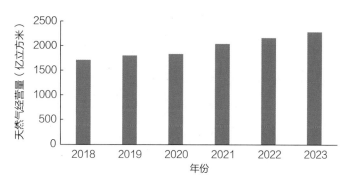

图2-4-1 2018—2023年中国石油天然气经营量

中国石油对海外天然气加强集中勘探，获多项重要发现。中国石油在乍得多赛欧坳陷、滨里海东缘获得新发现；积极参与"一带一路"共建，完成卡塔尔北方气田扩容项目、伊拉克西古尔纳1项目作业权移交协议签约，海外油气业务结构、资产结构和区域布局持续优化。

二、中国石化

中国石化天然气勘探取得新突破。2023年，中国石化增储增产降本增效取得新突破。中国石化全力拓资源、增储量、扩矿权，加强风险勘探、圈闭预探和一体化评价勘探，在塔里木盆地顺北新区带、鄂尔多斯盆地深层煤层气、四川盆地陆相致密油气和普光二叠系海相深层页岩气等勘探取得重大突破。

中国石化天然气开发取得新进展。中国石化积极推进顺北二区、川西海相等天然气重点产能建设，拓展LNG中长约，持续完善天然气产供储销体系建设，全产业链创效同比大幅增长。2023年，中国石化国内天然气产量为378.1亿立方米，同比增长7.1%（图2-4-2）。

三、中国海油

中国海油在海域发现大型油气田，领域性勘探取得突破。中国海油加大风险与甩开勘探力度，积极拓展成熟区勘探，成功发现神府深层煤层气——陆上深层煤层中国首个千亿立方米大气田，进一步夯实了储量基础。中国海油坚持进行新区、新领域、新类型勘探，在渤海渤中凹陷超深层天然气领域、南海白云凹陷深水天然气领域、南海珠一坳陷深层领域和南海松南－宝岛凹陷深水深层油气领域获得重大突破，增储上产接替战场进一步拓展。

中国海油加大陆上非常规天然气勘探力度。中国海油完成非常规探井127口，采集三维地震数据200平方千米，二维地震数据475千米。陆上鄂尔多斯盆地发现神府深层煤层气大气田，新增探明地质储量超千亿立方米。同时，中国海油加快资源接续战略布局，煤层气业务成功拓展到新疆地区。

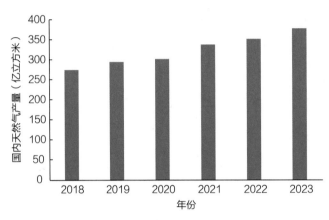

图2-4-2　中国石化国内天然气产量

第二节　城燃公司

一、经营规模

受经济增速影响，2023年，全国天然气表观消费量为3945亿立方米，同比增长7.6%，扭转2022年1.7%的降幅。五大城燃，除港华燃气外，售气量基本保持在380亿~500亿立方米（图2-4-3）。

昆仑能源：2023年售气量493亿立方米，位居五大城燃之首。城燃渠道售气量为303亿立方米，同比增长9.2%，其中，居民、商业、工业、加气占比分别为13.2%、9.7%、69.4%、8.7%。其他渠道主要为管道、LNG贸易，售气量190亿立方米，同比增长10.1%。

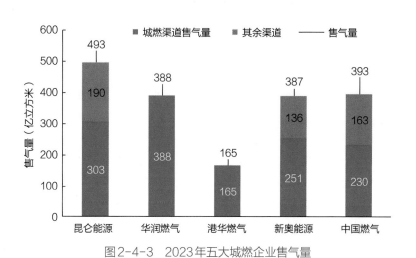

图2-4-3　2023年五大城燃企业售气量

华润燃气：2023年，仅就城燃渠道售气量而言，华润燃气稳居第一，华润燃气全年零售天然气388亿立方米，同比增长8.1%，其中，工业、商业、居民和车用占比分别为51.9%、21.2%、24.3%和2.6%，增速分别为7.2%、9.0%、11.0%和-7.0%。

港华燃气：天然气销售量仍保持8.5%的稳健增长，规模达到165亿立方米。其中工业售气量增长6.1%，达到83.3亿立方米，约占集团整体售气量的50%；商业售气量增长9%，达到17.9亿立方米，占集团整体售气量的11%；锂电池、光伏玻璃等新能源相关产业客户快速发展，用气量较上年增长45%，达到2.4亿立方米。

新奥能源：2023年，全年售气量为387亿立方米，同比增长2.8%。城镇燃气售气量下降3.1%，仅251亿立方米，其中民用售气量上升0.4%，达到54亿立方米，工商业售气量下降4.7%，仅194亿立方米，汽车加气站售气量下降0.4%，仅3亿立方米；其他渠道主要为LNG贸易等，售气量为68亿立方米，同比上升25%。

中国燃气：2022—2023财年（2022年4月1日—2023年3月31日）天然气销售量为393亿立方米，同比增长6.9%。城镇燃气售气量增长5.0%，达到230亿立方米，占总销售气量的58.5%，其中，民用售气量上升14%，达到84亿立方米，工业售气量上升3.8%，达到112亿立方米，商业售气量下降2.1%，仅29亿立方米，压缩及液化天然气加气站售气量下降35.6%，仅5亿立方米。其他渠道主要为直供管道与贸易业务，增长9.9%，达到163亿立方米，占总销售气量的41.5%。

二、单位利润

从营收角度看，营收最高的昆仑能源与营收最低的港华燃气之间相差1595亿元。从净利润角度看，除港华燃气外，利润均维持在50亿～100亿元之间（图2-4-4）。

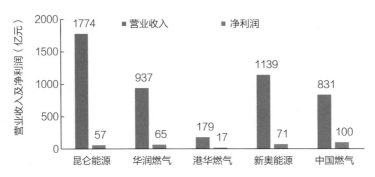

图2-4-4　2023年五大城燃企业营业收入及净利润

昆仑能源：2023年营业收入为1774亿元，同比增长3.1%。其中，天然气销售、LPG销售、LNG加工与储运、勘探与生产分别收入1406亿元、268.01亿元、90.42亿元、9.11亿元，分别占总营收的79.3%、15.1%、5.1%、0.5%，四项业务的同比增速分别为6.6%、2.7%、5.9%、-60.2%，天然气销售仍是最主要的营收增长动力源。核心利润为61.4亿元，按可持续经营的业务口径比较，同比下降2.2%；净利润57亿元。2023年，主营业务保持强劲增长势头，各业务板块实现全面盈利。

华润燃气：2023年营业收入为1012.71亿港元，折合人民币937亿元，同比增长7.34%；净利润70.58亿港元，折合人民币约65亿元，同比增长11.8%。在各业务领域中，燃气销售表现尤为强劲，收入高达826.25亿港元，折合人民币约765亿元，同比涨幅达到9.96%。此外，扣除税前利润的业绩为73.44亿港元，同比增长32.32%，远超营业收入增长。

港华燃气：2023年营业收入约为人民币179亿元，上升4.2%，但受汇率影响，以港元计价的营业额轻微下降1.2%，为198.42亿港元。公司股东应占溢利大幅上升63.2%，达到15.75亿港元。核心利润上升16.3%，达到11.9亿港元（以人民币计，上升22.6%）。

新奥能源：2023年营业收入为1139亿元，同比增加3.5%。其中，天然气零售、泛能业务、燃气批发、工程安装、智家业务在总营业额的占比分别为53.2%、12.7%、26.1%、4.7%、3.3%，同比分别上升0.9%、32.5%、-0.9%、-10.35、18.9%。核心利润76亿元，同比下降4.8%；净利润71亿元。

中国燃气：2022—2023财年（2022年4月1日—2023年3月31日）营业收入831亿元，同比上升4.3%，净利润100亿元，同比下降23.5%。

三、城燃项目数及用户数

截至2023年底，五大城燃企业的城燃项目数均超过250家。中国燃气的城燃项目数高达661个，新奥能源的城燃项目数最低，为259个。从用户总数看，除昆仑能源和港华燃气外，其余3家均在2800万户以上（图2-4-5）。

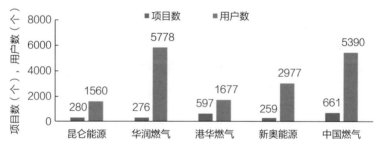

图2-4-5 2023年五大城燃企业的城燃项目数及用户数

昆仑能源：2023年新增12个城燃项目，位于江苏、河南、新疆、辽宁、甘肃、内蒙古和山东7个省份。用户数量同比增加89万户，达1560万户。

华润燃气：2023年新增签约项目3个，注册项目8个，新增项目拓展经营区域4057平方千米，城燃用户数量同比增加341万户，达5778万户，城市燃气主业规模进一步扩大。集团层面注册城市燃气项目数达到276个，遍布全国25个省份，其中包括15个省会城市、76个地级市。

港华燃气：截至2023年底，集团在25个省、自治区及直辖市累计拥有597个项目，包括城市燃气和可再生能源项目等，较去年增加173个项目。其中，城市燃气年内新增4个项目，累计187个（含企业再投资项目）。年底用户总数达1677万户，年内新增用户84万户，为集团燃气板块延伸业务提供了增长动力。

新奥能源：2023年底，集团拥有独家经营权的城市燃气项目总数达到259个，同比增加5个项目，覆盖20个省、直辖市及自治区。用户数量同比增加163万户。

中国燃气：2022—2023财年（2022年4月1日—2023年3月31日）的城市燃气项目总数达到661个，同比增加1个项目，覆盖15个省、直辖市及自治区。天然气业务方面，新增居民用户230万户，新增工商业用户3.4万户，累计接驳住宅用户4549万户。

四、企业发展重点

昆仑能源：着力打造与竞争形势相适应的市场营销体系，围绕调结构、优布局持续提升核心竞争力。发挥一体化和区域布局优势，积极推进"一城一企"项目整合，加快增量市场项目落地，大力开发高端高效市场，保持增速稳健、布局合理、效益稳定的市场规模。积极推动各地价格联动机制落地，完善上下游成本传导机制，稳定城燃项目合理利润空间，持续提升价值创造力；着力打造与新兴能源体系相协调的多元业务体系，围绕气新融合拓宽绿色低碳转型之路。坚持智能化、高端化、绿色化发展，协同推进降碳、减污、扩绿、增长，有力把握行业周期转换的发展主动权，抢滩布局光伏、风能、地热、生物质等新领域、新业态，积极开展碳汇、碳交易、甲烷逃逸检测等新兴业务的探索，实现发展模式的深度转型和业务链、价值链的全面重塑，争取2025年"多能融合"和"新能源"装机规模达到百万千瓦；着力打造与现代产业发展相契合的高效运行体系，围绕新质生产力加快打造智慧燃气企业；着力打造与新型能源体系建设相匹配的客户服务体系，围绕竞合共赢，加快锻造客户服务能力；着力打造与高质量发展相匹配的现代化治理体系，围绕ESG管理效能不断提高现代治理水平。

华润燃气：坚持"1+2+N"业务战略，即"城燃主业"+"综合服务、综合能源"+"氢能、光储、碳资产商业化等"，在做好主业稳定发展的基础上，遵循国家对清洁能源发展的意愿，丰富天然气自主资源池，全面提升产业控制力，推动优质外延项目投资，持续提升综合服务业务的渗透率，拓展综合能源的规模，促进业绩稳步增长，不断提升股东回报率，实现集团的可持续发展。

港华燃气：国家一系列利好政策和措施的推广，以及新能源汽车、光伏玻璃、锂电池等工业用户用气需求增加，推动了天然气主营销售业务发展。同时，新能源产业快速发展，将加快光伏发电、储能、天然气管道掺氢、氢能燃料电池和氢能装备制造等方向的研发制造。

新奥能源：天然气业务将利用智能升级发展模式，依托智能贯通需求—资源—交付—运营全链条，深化客户和资源认知，创新产品和服务，实现需求和资源智能聚合、需供灵活匹配、智能风控、智能降本增效，确保业务健康稳健增长；泛能业务是深度服务客户低碳发展需求的核心抓手，将依托决策智能、运营智能、交付智能等智能产品，围绕园区、工业和建筑等场景，落地源网荷储整体解决方案，规模发展泛能微网，做大泛能业务；智家业务将基于 2977 万家庭用户，用智慧全面升级家庭用气服务，并利用物联即时数据动态感知客户需求，通过智能实现供需精准匹配，质量可视可控，满足家庭对购物智能、健康智能、旅游智能等品质生活的需求，形成新增长极。

第五章

改革与政策动向

　　2023年，天然气政策逐步优化，国家和地方相继出台天然气管道运输价格管理办法，促进资源流动、降低终端用气成本。多地开展天然气价格联动机制改革，更好地发挥价格杠杆的调节作用，促进天然气在新型能源体系建设中发挥更大作用。

一、跨省天然气管道运输价格首次分区域核定

　　2023年11月28日，《国家发展改革委关于核定跨省天然气管道运输价格的通知》显示，国家发展改革委对国家石油天然气管网集团有限公司经营的跨省（自治区、直辖市）天然气管道进行了定价成本监审，并据此核定了西北、东北、中东部及西南四个价区的管道运输价格。此次核价是天然气管网运营机制改革以来的首次定价，也是国家首次按"一区一价"核定跨省天然气管道运输价格。具体内容如下。

　　（1）核定西北价区运价率为0.1262元/（千立方米·千米）（含9%增值税，下同），东北价区运价率为0.1828元/（千立方米·千米），中东部价区运价率为0.2783元/（千立方米·千米），西南价区运价率为0.3411元/（千立方米·千米）。

　　（2）国家石油天然气管网集团有限公司应当根据各价区运价率，以及天然气入口与出口的运输距离，计算确定管道运输具体价格表，并通过公司门户网站或指定平台向社会公开。

二、天然气利用政策逐渐优化

2023年9月，国家能源局就《天然气利用政策（征求意见稿）》公开征求意见，意见指出，天然气用户分为优先类、允许类、限制类和禁止类。按照天然气利用优先顺序加强需求侧管理，优化用气结构，有序发展增量用户，鼓励优先类、支持允许类天然气利用项目发展，对限制类项目的核准和审批要从严把握，列入禁止类的利用项目不予许可、不予用气保障。

优先类主要为对天然气行业高质量发展有重要促进作用，有利于实现双碳目标、产业结构优化升级，保障国家能源安全，具有良好经济性社会效益，应予以鼓励或优先保障的天然气利用方向。允许类主要为当前和今后一个时期仍有较大市场需求，但需强化天然气与可替代能源竞争，应在确保落实气源和经济可持续发展条件下，有序发展的天然气利用方向。限制类主要为工艺技术不符合行业准入条件或发展方向，不利于产业结构优化升级，不利于天然气供应安全，需要有序升级改造和禁止新增用户、新建扩建产能、工艺技术、装备及产品的天然气利用方向。禁止类主要为不符合有关法律法规规定和《产业结构调整指导目录》，严重浪费天然气资源，不符合能源革命要求，需要采取措施予以淘汰的天然气利用方向。

三、多地进行天然气价格联动机制改革

天然气上下游价格联动，是指气源采购平均成本和基准终端销售价格联动。该联动机制包含联动公式、调价启动条件、调价幅度、调价频次等。通常而言，使用管道天然气定价区域的基准终端销售价格，由基准门站价格、管道运输价格和配气价格构成。其中，管道运输价格和配气价格实行政府定价管理，终端销售价格与基准门站价格同步联动。

2023年初，国家发展改革委向各省市下发《关于提供天然气上下游价格联动机制有关情况的函》，将天然气价格联动事项视作重点工作推进。2023年，多省市优化天然气上下游价格联动机制，进一步放宽了价格联动条件。2023年部分省市关于天然气上下游价格联动机制优化情况如表2-5-1所示。

表2-5-1　2023年部分省市关于天然气上下游价格联动机制优化情况

地区	主要内容
湖南	2023年3月31日，湖南省发展改革委组织召开天然气上下游价格联动机制听证会。定价方案如下： 1. 联动项目。天然气上下游价格联动（以下简称"气价联动"），是指气源采购平均成本和基准终端销售价格联动。使用管道天然气定价区域的基准终端销售价格由基准门站价格、管道运输价格和配气价格构成；全部使用液化天然气或压缩天然气（以下简称"LNG、CNG"）定价区域的基准终端销售价格由配气价格和气源采购平均成本构成。管道天然气采购平均成本是指城市燃气经营企业采购的全部气源（含税）的加权平均价格。LNG、CNG采购平均成本是指城市燃气经营企业采购的全部液化天然气或压缩天然气（含税）采购价格、运输费用的加权平均价格。同一定价区域存在多家燃气企业，采购成本进行加权平均处理，实行同城同价。 2. 启动条件。以《湖南省定价目录》明确的定价区域为单位，当气源采购平均成本波动幅度达到基准门站价格5%，应适时启动气价联动机制，天然气终端销售价格同步同向调整。 3. 联动频次。原则上居民用气终端销售价格每年联动上调不超过1次，非居民用气终端销售价格每年联动上调不超过4次，下调次数不限。 气源采购平均成本波动幅度没有达到启动条件时，天然气终端销售价格不做调整，涨跌额度计入下一个调整周期核增或核减。国家基准门站价格、省内管道运输价格、配气价格调整时，天然气终端销售价格同步同额同向调整，不受联动频次限制。 4. 调价幅度。居民气价联动上涨幅度实行上限管理，原则上居民用气价格的联动上调幅度不超过第一档基准终端销售价格的10%，超出部分统筹考虑；非居民气价联动原则上按照气源采购平均成本同步同额同向调整。当上游价格上涨过高时，综合考虑社会承受能力，按照兼顾城市燃气经营企业、消费者利益，保持经济平稳运行的原则，可适度控制居民、非居民气价联动调整幅度，应调未调额度在下一个调整周期统筹考虑。 5. 联动公式。气价联动调整后的终端销售价格＝基准终端销售价格＋价格联动调整额。管道气价联动调整额＝（气源采购平均成本－基准门站价格）÷（1－供销差率）。LNG、CNG气价联动调整额＝（本期气源采购平均成本－上一期气源采购平均成本）÷（1－供销差率）。供销差率（损耗率）按照定价区域配气价格年度供销差率计算，最高不得超过4%
内蒙古	2023年3月31日，内蒙古发展改革委发布文件称，根据中国石油天然气销售内蒙古分公司《关于2023—2024年天然气销售价格调整方案的报告》（以下简称"《价格方案》"），2023年4月1日—2024年3月31日，对通过区内短途管道供应的居民用天然气和非居民终端销售价格统一进行调整。 根据中国石油天然气销售内蒙古分公司《价格方案》，2023年4月1日—2024年3月31日，内蒙古居民用天然气门站价在基准门站价的基础上上浮15%。目前，国家发展改革委核定的内蒙古天然气基准门站价格为1.22元/立方米。这意味着该区天然气经营企业购气价格增加0.192元/立方米。内蒙古发展改革委表示，根据居民用天然气价格动态调整机制，居民用天然气终端销售价格也同比上调0.192元/立方米。在非居民用气方面，内蒙古发展改革委根据供气单位所属行政区域，采用了非居民用天然气销售价格联动公式计算非居民用天然气联动额，并进行了调整。文件执行期间，上游供气企业如调整价格政策，将同步调整终端销售价格
福建	2023年5月13日，福州市发展改革委印发《福州市管道天然气价格联动机制》，非居民用气销售价格原则上按三个月为一个联动调整周期。当周期内综合购气价格变动幅度达到5%时，原则上非居民用户天然气终端销售价格与天然气购气价格联动调整
湖北	2023年6月21日，湖北省发展改革委印发《关于建立健全天然气上下游价格联动机制的通知》，主要内容包括： 1. 联动范围。各地终端销售价格与燃气企业采购价格（含运输费用）实行联动。采购价格不区分气源价格形式，原则上按照同一区域内燃气企业采购的全部气源加权平均价格确定，包括管道天然气、

地区	主要内容
湖北	液化天然气（LNG）、压缩天然气（CNG）等。当燃气企业采购价格明显高于周边地区采购价格或当地主要气源平均价格时，可不予联动或降低联动标准。当合同外气源采购价格对本地区终端销售价格影响较大时，可按照用户自愿委托的原则，对合同外购气量实行代购代销价格政策，其购销价差不得高于本地区配气价格。 　2.联动周期。非居民用气终端销售价格原则上按季度或月度联动。此前联动周期为半年及以上的，应逐步过渡到按季度联动，有条件的地区可按月度联动。居民用气终端销售价格联动周期原则上不超过一年，用气淡旺季价差较大的可按半年或区分淡旺季联动。 　3.联动公式。首次建立联动机制时，终端销售价格按以下公式确定：终端销售价格＝加权平均采购价格＋配气价格。联动机制建成后，调整终端销售价格按以下公式确定：终端销售价格＝上期终端销售价格＋价格联动调整额度。价格联动调整额度＝（本期加权平均采购价格－上期加权平均采购价格）/（1－供销差率）± 上期应调未调金额及偏差金额。供销差率原则上按照新建管网4.5%、运行3年（含）以上的管网3.5%确定。 　4.联动方式。终端销售价格根据采购价格变动相应调整，不设置联动启动条件。各地可结合实际确定终端销售价格与上期实际采购价格或当期预测采购价格进行联动。按实际采购价格联动时，应严格审核燃气企业购气合同和发票，根据企业实际发生的采购成本计算采购价格。同时缩短调价周期，促进价格反应灵活。按预测采购价格联动时，要根据燃气企业已签订合同明确的未来天然气采购量价情况和往年同期用气需求情况等，对采购价格进行合理预测。同时建立偏差校核机制，对预测采购价格与实际采购价格的差异部分，纳入后期联动统筹考虑。 　5.联动幅度限制。居民用气终端销售价格上调应坚持平稳从紧原则，设置幅度限制，避免过度增加居民用户负担。各地可考虑当地居民承受能力或参考往年调价情况，设定调价金额或幅度上限，原则上单次上调不超过每立方米0.5元，未调金额纳入下一联动周期统筹考虑。居民气价历史积累矛盾较大的，应明确调整目标，分周期逐步调整到位。当市场价格持续大幅上涨，可能对居民生活和经济平稳运行产生严重不利影响时，可暂时中止联动。居民用气价格下调及非居民用气价格调整幅度不限。配气价格调整时，终端销售价格相应调整，不受联动机制限制；国家和省对天然气价格调整另有政策规定的，不受联动机制限制
浙江	2023年7月4日，浙江省杭州市委出台了《关于修订完善市区非居民用管道天然气上下游价格联动机制的通知》，内容如下： 　1.联动内容。上下游价格联动是指终端销售价格和气源综合价格联动，当气源综合价格变化时，终端销售价格进行同向变化。其中，气源综合价格按杭州天然气有限公司采购的全部管输气源及输入管网的液化天然气（简称LNG）气源（包含采购过程中发生的管输等费用）加权平均确定。 　2.启动条件。当气源综合价格上下变动幅度达到或超过基期价格5%且距离上次调价时间不少于3个月时，启动价格联动机制，非居民用气终端销售价格做同向调整。 　3.约束机制。当上游气源价格上涨幅度过大，综合考虑社会承受能力，按照兼顾供气企业、消费者利益，保持经济社会发展平稳原则，可适度控制调整幅度。 　4.差额处理。未达到启动条件而未调部分和当期未足额调整部分产生的差额，纳入后续调整周期累加或冲抵。 　5.保障措施。燃气企业及时报备各路气源采购价格，价格主管部门适时对燃气企业购气成本进行审核，并做好调价工作。对违反本通知及相关法律法规政策规定的，由相关部门按职责予以查处
甘肃	2023年10月17日，甘肃庆阳市发布天然气上下游价格联动机制公告。内容如下： 　1.联动范围和价格构成 　我市管道天然气终端销售价格由气源采购价（含管输费用）和配气价格构成，建立气源采购价格和终端销售价格的上下游联动机制，当气源采购价格变动达到规定幅度，终端销售价格根据价格联动机

续表

地区	主要内容
甘肃	制同向调整。采购价格原则上按照同一城市（区、县）燃气企业采购的全部气源加权平均价格确定，全部气源包括管道天然气、液化天然气（LNG）、压缩天然气（CNG）等。同一城市（区、县）内有多家燃气企业执行"一城一价"的，采购价格按所有燃气企业采购价格加权平均确定。 　2. 启动条件和联动周期 　居民用气：气源采购价与上一周期相比涨跌 8% 及以上，启动价格联动机制。销售价格联动调整额上、下限为 0.2 元 / 立方米，联动调整周期不少于 1 年。居民用气终端销售价格应在非供暖季启动。 　非居民用气：气源采购价与上一周期相比涨跌 5% 及以上，启动价格联动机制。销售价格联动调整额上、下限为 0.5 元 / 立方米（加权平均），联动调整周期不少于 3 个月。气源采购价变动幅度未达到启动条件时，销售价格不做调整，纳入下次联动调价累加或冲减。当气源综合加权采购价格变化超过下限时，销售价格按下限调整；当气源综合加权采购价格变化超过上限时，销售价格按上限调整。超过上、下限时，未调金额暂由燃气销售企业留存或承担，纳入下次联动调整时累计计算。 　3. 价格联动公式 　上下游价格联动调整金额 =（调整期气源综合加权采购价 – 上期气源综合加权采购价）÷（1– 供销差率）。供销差率按《甘肃省城镇管道燃气配气价格管理办法》执行。 　4. 联动程序 　在配气价格不变的前提下，当气源采购价变动情况满足启动条件时：居民用气销售价格联动由燃气销售企业向价格部门提出联动申请，价格部门依据相关规定提出"调价方案"后，报请市政府批准后，在规定调整金额或幅度内，由价格主管部门直接调整居民终端销售价格；非居民用气销售价格联动由燃气企业按照"联动机制"规定自行同向调整，调整前主动向市级价格主管部门备案后实施
江西	2023 年 10 月 20 日，江西省上饶市发展改革委印发《上饶市管道天然气销售价格联动机制实施办法》，内容如下： 　1. 联动机制概念及基本原则 　联动机制是指管道天然气终端价格随上游综合购气结算价格涨跌作相应同向调整。联动机制遵循兼顾燃气企业经营情况和终端用户承受能力，保持管道天然气销售价格相对稳定的原则。 　2. 联动机制启动条件 　当燃气经营企业的综合购气价格涨跌幅度低于 5% 时不做调整，纳入下次调整时累加或冲抵。当燃气经营企业的综合购气价格涨跌幅度高于或等于 5% 时，启动价格联动机制。 　3. 价格联动计算 　管道天然气终端销售价格与燃气经营企业的综合购气结算价格采用顺加或顺减方式计算，即实施价格联动机制后的销售价格等于天然气基准销售价格加或减综合购气结算价格差价。 　4. 价格联动周期 　（1）关于居民用气价格联动周期。 　为保持居民用管道天然气到户销售价格的相对稳定，居民用气价格联动周期原则上不低于十二个月。其间如遇重大价格变动或国家、省重大价格政策调整，从其调整。 　（2）关于非居民用气价格联动周期。 　非居民用管道天然气根据燃气经营企业综合购气结算价格实行联动，周期原则上不低于三个月。其间如遇国家、省重大价格政策调整，从其调整
安徽	2023 年 12 月 22 日，安徽省宣城市印发《宣城市非居民用天然气上下游价格联动机制实施方案》，内容如下： 　1. 联动范围及联动周期 　非居民用天然气上下游价格联动，是指非居民用天然气终端销售价格与气源综合加权采购价格联动。天然气终端销售价格由采购价格（含运输费用、税，下同）和配气价格构成。非居民用天然气联动周

续表

地区	主要内容
安徽	期实行月度联动。每月末依据当月实际采购成本核算，作为下个月终端销售价格的计算依据。每年采暖季和非采暖季交接月份，根据上游合同价格测算当季第一个月的终端销售价格，月末根据实际采购成本测算出差额，纳入下个月终端销售价格进行调整。 2. 联动公式 价格联动调整金额 =（本期综合加权平均采购价格 − 上期综合加权平均采购价格）÷（1− 供销差率）+ 上期应联动未联动金额或偏差金额。综合加权平均采购价格是指城镇燃气企业采购的合同内、合同外天然气的加权平均价格；具体测算公式为：综合加权平均采购价格 = 合同内气源采购价格 × 非居民用气合同内购气量占非居民用气总购气量比重 + 合同外气源采购价格 × 非居民用气合同外购气量占非居民用气总购气量比重。供销差率由发展改革部门按照上一年度燃气企业实际供销差额确定，最高不超过 3.5%。本期终端销售价格 = 上期终端销售价格 + 价格联动调整金额。 3. 联动程序及方式 当气源综合加权平均采购价格调整时，天然气终端销售价格同步适时调整。城镇燃气企业于每月最后一周向发展改革部门报送天然气采购成本、用气量等相关测算数据以及合同原件、结算单据、发票、用户情况等资料。发展改革部门审核后，根据联动公式测算确定执行价格。终端销售价格根据采购价格变动同向调整。如当期采购成本较上期变动不超过（含）0.05 元 / 立方米，则当期不进行联动，应联动未联动金额纳入下期联动时计算。配气价格实行年度成本监审并校核调整。配气价格调整时，终端销售价格同步调整，不受联动机制限制

第六章

中国天然气发展认识与建议

一、中国天然气需求将平稳增长

2024年，我国天然气需求在我国宏观经济向好支撑和国内外气价下行两方面因素影响下出现超预期增长。上半年全国天然气消费量2086亿立方米，同比增长166亿立方米，增速8.6%，显著高于去年同期水平（5.7%），在近5年中仅次于2021年，且高于年初国内外主要机构的预测。分结构来看，城市燃气在以LNG重卡为代表的交通用气推动下快速增长，上半年消费规模864亿立方米，同比增长10.1%；工业燃料出现分化，建材等传统用气门类受房地产行业低迷影响相对滞后，出口"新三样"相关的有色、金属制品用气需求活跃，带动工业燃料整体增长7.3%，消费规模743亿立方米；发电用气受"十四五"规划项目陆续投产推动增长最快，消费规模328亿立方米，同比增速12.0%。化工原料用气152亿立方米，同比增长2.9%。

2024年下半年，我国外需受国际需求、关税制裁等因素影响面临一定压力，内部有效需求依然偏弱，对天然气需求造成不利影响，预计下半年消费增速接近6%，较上半年明显回落。全年需求量预计为4200亿立方米左右，同比增长7.2%。而2025年作为"十四五"收官之年，在经济发展、环境保护等一系列指标需要兑现的背景下，天然气需求预计仍将保持250亿~300亿立方米/年增长速度，初步预计全年需求量4460亿立方米左右，增长260亿立方米，增速6.4%。预计在"十五五"时期我国天然气需求处于平稳增长期，5年年均天然气消费增速先冲高，再逐步回落。预计2040年前后将达到6500亿立方米左右的需求峰值。

二、天然气上游将持续保持增储上产良好势头

2019—2023年，各大油公司落实"七年行动计划"，增储上产成效显著。新增天然气探明储量6.9万亿立方米，累计生产天然气超1万亿立方米，储量超"七年行动计划"2万亿立方米，产量超500亿立方米。2024年，油气企业继续加大勘探开发力度，在深层超深层、深水和非常规等油气增储上产的战略接替领域持续发力，预计2024年全国天然气产量有望继续增长超100亿立方米，并保持较快增长势头。

未来各大油公司将以保障国家用气安全为己任，聚焦四川盆地、鄂尔多斯盆地、塔里木盆地、海域等富气盆地，持续加大深层海相碳酸盐岩气、陆相致密气、多类型页岩气等的勘探开发力度，延续增储上产良好势头，推动天然气上游高质量发展。

三、加强理论和技术创新，开展油气勘探开发国家科技重大专项攻关

我国油气勘探开发进入新阶段，待探明油气资源品位整体变差，未动用储量经济门槛高，老油气采出程度高，万米超深层、千米深水、非常规和老油气田高效开发等"两深一非一老"成为油气勘探开发的主战场，对科技创新提出了更高的要求，需要深化理论认识，开拓新的油气禁区，需要创新关键技术，实现"找得到、采得出、稳得住"，需要研发新型装备，打造油气勘探开发利器，实现高端装备自主可控。发挥新型举国体制优势，统筹国家科技战略力量，通过跨行业、跨学科合作，开展"大兵团"科技攻关，解决好"卡脖子"难题。

四、国内LNG接收能力快速增长，运营商需积极创新经营

"十四五"时期，我国LNG接收能力快速增长。截至2024年6月底，我国共投产LNG接收站29座，总接卸能力1.35亿吨/年，较2020年底增加5090万吨。受我国天然气需求增速放缓、LNG价格走高竞争力下降和接收能力短期内快速增长的影响，LNG接收站负荷率出现明显变化，在2021年触及90%的历史高位后快速回落，2023年降至59%，2024年上半年进一步回落至57%。

　　我国天然气需求量未来增速逐步放缓，而在供应侧，综合考虑国产气增储上产和中俄东线、远东线带来的进口管道气增长，预计2040年LNG进口需求为1.2亿吨左右。考虑在建和规划LNG接收站项目后，预计2040年接收站负荷率为45%，较2023年下降14个百分点，接收能力过剩已经成为运营商需要积极应对的问题。

　　由于各接收站在资源、市场和运营成本方面存在差异，届时，相当一部分LNG接收站都将面临经营压力。针对这一问题，LNG接收站运营商首先应加强项目论证，缓建或停建一批市场尚不落实、竞争力偏弱的项目；其次积极创新国际贸易方式，利用储备和接收能力开展国际拼单采购，LNG保税储存与转口、加注业务，提升LNG接收站利用率；再次面向国内用户开发接收站创新服务，如为城燃、电厂等用户提供LNG罐容租赁服务，满足保供和顶峰需求；最后利用码头设施开展新型增值服务，如LNG船舶气试、冷能综合利用等，多措并举提升接收站的利用率。

免责声明

　　本书所载资料、意见及推测仅反映编写人员于发出本报告当日的判断，可随时更改且不予通告。本书代表了研究人员的不同观点、见解，并不代表中国石化石油勘探开发研究院的立场。中国石化石油勘探开发研究院可发出其他与本书所载信息不一致及有不同结论的报告。未经中国石化石油勘探开发研究院事先书面许可，任何机构或个人不得以任何形式翻版、复制、刊登、转载或者引用本书内容。

中国石油化工股份有限公司
石油勘探开发研究院简介

　　石油勘探开发研究院（简称"石勘院"）隶属中国石油化工股份有限公司，是中国石化直属上游综合研究机构。石勘院前身是20世纪50—70年代国家地质部所属的石油普查大队实验室、石油地质综合大队101队、石油钻探技术研究队、石油地质中心实验室、石油物探研究大队、石油地质研究所、计算技术应用研究所7家油气勘查研究单位，后经地矿部、新星石油公司两个历史时期，于2000年整体并入中国石化。2000年7月14日，中国石化党组为强化油气勘探开发理论和技术的创新能力、形成上中下游完整的科技工作体系，正式组建成立石勘院，2009年工程研究单位、物探研究所分别成立石油工程技术研究院、石油物探技术研究院。目前，石勘院本部设在北京，并在无锡、合肥、郑州、成都、乌鲁木齐等地分别设立了研究所（中心），本部办公地为昌平区沙河镇百沙路197号院中国石化科学技术研究中心。

　　建院以来，石勘院在中国石化党组的坚强领导下，秉承"人才为本、创新为魂、技术立院、业绩立位"的办院宗旨，锚定建设世界一流能源研究院的愿景目标，坚守保障国家能源安全、担当国家战略科技力量的核心职责，按照"三部一中心"（中国石化上游发展战略及油气勘探开发参谋部、油气勘探开发技术支撑服务部、油气勘探开发技术研发和集成部、上游地质资料信息中心）的职责定位，承担着国家及中国石化重大项目的科技攻关和牵头组织、油气勘探开发基础理论及应用技术研究与集成、中国石化国内外油气地质基础研究、油气资源评价、勘探选区评价、中长期发展规划编制等任务，参与中国石化重大油气勘探开发科研项目和重大生产经营项目的设计审查、技术经济论证等工作，重点围绕西北地区（以塔里木盆地、准噶尔盆地为主）、南方地区（以四川盆地和周缘地区为主）、华北地区（以鄂尔多斯盆地为主）、东部地区（以渤海湾盆地、松辽盆地为主）、海域（以东部海域为主）及海外业务，开展常规、非常规、新能源勘探开发技术研究与支撑工作。

　　石勘院拥有5个国家级重点研发机构（页岩油气富集机理与有效开发国家重点

实验室、国家能源页岩油研发中心、国家油页岩开采研发中心、国家能源碳酸盐岩油气重点实验室、国家能源陆相砂岩老油田持续开采研发中心），6个中国石化重点实验室（海相油气藏开发、油气成藏、页岩油气勘探开发、弹性波理论与探测技术、碳捕获利用与封存、深部地质与资源），以及一批具有国际先进水平的实验仪器设备。石勘院总建筑面积13.49万平方米，其中北京面积11.02万平方米，无锡所面积2.13万平方米，合肥中心面积0.34万平方米，实验室面积4.74万平方米。建成了专业门类齐全、仪器设备先进、技术力量雄厚的勘探开发工程一体化实验室，拥有实验仪器1703台套，可以开展岩石矿物、地球化学、成烃成藏、岩石力学、相态分析、流动机理、化学剂评价等430项实验测试。主办《石油实验地质》《石油与天然气地质》《Energy Geoscience》3份核心期刊和内部刊物《石勘党建》。

经过40多年的历史积累和20多年的改革发展，石勘院已在海相碳酸盐岩油气藏勘探开发、致密油（页岩油）勘探、页岩气勘探开发、碳捕获利用与封存等理论技术方面具备了领先优势，在资源评价与油气战略选区、成烃成藏地球化学技术、海外油气项目评价与勘探开发、弹性波地震成像、地质工程一体化压裂增产、稠油化学降黏冷采、复杂地质目标建模与数模等方面形成了技术特色，为中国石化塔河与顺北油气田稳产上产、四川盆地300亿立方米天然气大发展、华北千万吨能源基地建设、东部老区稠油及海域效益开发、海外新项目收购和资产处置、海外在执行重点项目提质增效等发挥了积极的科技支撑作用。累计获国家级科技奖励15项，省部级以上科技进步奖221项；申请专利2580件，获授权1039件；登记软件著作权351件；认定专有技术172项；制定国家标准14个、行业标准36个、企业标准49个。

截至目前，石勘院共有8个机关处室21个科研单位，其中京外有无锡石油地质研究所，西北、四川、华北地区研究中心，合肥培训测试中心5个单位。截至2023年底，用工总量为1242人。其中，博士630名，占比51%；硕士430人，占比35%；正高级职称134名，副高级职称726名；中共党员940人，占比76%。现有中国科学院院士1人，中国工程院院士2人，集团公司首席科学家1人、首席专家1人、高级专家10人。设有博士后科研工作站，目前在站博士后38人，累计出站333人。

进入新时代、迈上新征程，石勘院将坚持以习近平新时代中国特色社会主义思想为指导，深入学习贯彻"四个革命、一个合作"能源安全新战略和习近平总书记视察胜利油田、九江石化重要指示精神，坚定不移按照"三步走"战略，朝着世界一流能源研究院的目标稳步推进，为建设具有强大战略支撑力、强大民生保障力、强大精神感召力的中国石化作出新的更大贡献，在保障国家能源安全、担当国家战略科技力量、促进高水平科技自立自强的新征程上再立新功、再创佳绩！